全国高等院校医学实验教学规划教材

细胞生物学实验

主　编　　高志芹　　潘智芳

副主编　　于文静　　王国辉

编　委　　(按姓氏笔画排序)

于文静　　王国辉　　冯卫国　　刘晓影

杨潍潍　　赵春玲　　高志芹　　潘智芳

科学出版社

北　京

内 容 简 介

　　本实验教材介绍了细胞生物学常用的实验技术和方法,其编者们均为细胞生物学教学和研究的一线教师,在高等医学院校工作多年。本书将作者的科学研究工作经验融入到设计性和创新性实验的内容中,使其具有较强的实践性。本书共三篇,包括细胞生物学基础性实验 21 个、综合性实验 13 个以及设计性和创新性实验选题 5 个。基础性和综合性实验主要描述实验方法与步骤,内容简明扼要,切实可行,主要试剂配制均有说明,实用性强;设计性和创新性实验选题主要是将细胞生物学技术应用于目前的研究热点领域,对学生进行创新能力和综合能力的培训,引导学生进行毕业论文设计和科研设计。

　　本书适合作为生物学、医学以及相关专业的本科生、研究生的细胞生物学实验教材,也可供本科生、研究生进行毕业论文和科研设计参考使用。

图书在版编目(CIP)数据

细胞生物学实验 / 高志芹,潘智芳主编 . —北京:科学出版社,2015.3
全国高等院校医学实验教学规划教材
ISBN 978-7-03-043605-4

Ⅰ. ①细⋯　Ⅱ. ①高⋯②潘⋯　Ⅲ. ①细胞生物学–实验–高等学校–教材
Ⅳ. ①Q2-33

中国版本图书馆 CIP 数据核字(2015)第 044935 号

责任编辑:胡治国　王　超 / 责任校对:蒋　萍
责任印制:赵　博 / 封面设计:范璧合

科 学 出 版 社　出版
北京东黄城根北街 16 号
邮政编码:100717
http://www.sciencep.com

新科印刷有限公司　印刷
科学出版社发行　各地新华书店经销

*

2015 年 3 月第　一　版　开本:787×1092　1/16
2019 年 7 月第三次印刷　印张:5
字数:108 000
定价:22.00 元
(如有印装质量问题,我社负责调换)

全国高等院校医学实验教学
规划教材编委会

前　言

　　医学是一门实验性极强的科学,医学实验教学在整个医学教育中占有极为重要的位置。地方医学院校承担着培养大批高素质应用型医学专门人才的艰巨任务,但目前多数地方医学院校仍然采用以学科为基础的医学教育模式,其优点是学科知识系统而全面,便于学生理解和记忆,该模式各学科之间界限分明,但忽略了各学科知识的交叉融合;实验教学一直依附于理论教学,实验类型单一,实验条件简单;实验教材建设落后于其他教学环节改革的步伐,制约了学生探索精神、科学思维、实践能力、创新能力的培养。

　　近年来,适应国家医学教育改革和医疗卫生体制改革的需要,全国大多数医学院校相继进行了实验室的整合,逐步形成了综合性、多学科共用的实验教学平台,从根本上为改变实验教学附属于理论教学、实现优质资源共享创造了条件。经过多年的探索和实践,以能力培养为核心,基础性实验、综合性实验和设计创新性实验三个层次相结合的实验课程体系,逐步得到全国高等医学院校专家学者的认可。

　　要实现新世纪医学生的培养目标,除实验室整合和实验教学体系改革外,实验教材建设与改革已成为当务之急。为编写一套适应于地方医学院校医学教育现状的实验教材,在科学出版社的大力支持下,"全国高等院校医学实验教学规划教材"编委会组织相关学科专业、具有丰富教学经验的专家教授,遵循学生的认识规律,从应用型人才培养的战略高度,以《中国医学教育标准》为参照体系,以培养学生综合素质、创新精神和实践创新能力为目标,依托实验教学示范中心建设平台,在借鉴相关医学院校实验教学改革经验的基础上,编写了这套实验教学系列教材。全套教材共八本,包括《人体解剖学实验》、《人体显微结构学实验》、《细胞生物学实验》、《医学机能实验学》、《分子医学课程群实验》、《临床技能学实训》、《预防医学实验》和《公共卫生综合实验》。

　　本套教材力求理念创新、体系创新和模式创新。内容上遵循实验教学逻辑和规律,按照医学实验教学体系进行重组和融合,分为基本性实验、综合性实验和设计创新性实验3个层次编写。基本性实验与相应学科理论教学同步,以巩固学生的理论知识、训练实验操作能力;综合性实验是融合相关学科知识而设计的实验,以培养学生知识技能的综合运用能力、分析和解决问题的能力;设计创新性实验又分为命题设计实验和自由探索实验,由教师提出问题或在教师研究领域内学生自主提出问题并在教师指导下由学生自行设计和完成的实验,以培养学生的科学思维和创新能力。

　　本套教材编写对象以临床医学专业本科生为主,兼顾预防医学、麻醉学、口腔医学、影像医学、护理学、药学、医学检验技术、生物技术等医学及医学技术类专业需求。不同的专业可按照本专业培养目标要求和专业特点,采取实验教学与理论教学统筹协调、课内实验教学和课外科研训练相结合的方式,选择不同层次的必修和选修实验项目。

由于医学教育模式和实验教学模式尚存在地域和校际之间的差异,加上我们的理念和学识有限,本套教材编写可能存在偏颇之处,恳请同行专家和广大师生指正并提出宝贵意见。

"全国高等院校医学实验教学规划教材"编委会

2014 年 7 月

目　　录

第三篇　设计性和创新性实验

第一篇　基础性实验

第一章　显微镜的原理及应用

实验 1　普通光学显微镜

【实验目的】

(1) 熟悉普通光学显微镜的主要构造及其性能。

(2) 掌握低倍镜及高倍镜的使用方法。

(3) 初步掌握油镜的使用方法。

(4) 了解光学显微镜的维护方法。

【实验用品】

1. 材料　永久装片。

2. 器材　普通光学显微镜、擦镜纸、香柏油等。

3. 试剂　清洁剂($V_{乙醚} : V_{无水乙醇} = 7 : 3$)、二甲苯。

【实验内容】

1. 光学显微镜的原理　光学显微镜(light microscope)是生物科学和医学研究领域常用的仪器,它在细胞生物学、组织学、病理学、微生物学及其他有关学科的教学研究工作中有着极为广泛的用途,是研究人体及其他生物机体组织和细胞结构强有力的工具。

光学显微镜简称光镜,是利用光线照明使微小物体形成放大影像的仪器。目前使用的光镜种类繁多,如暗视野显微镜、荧光显微镜、相差显微镜,倒置显微镜等,其外形和结构差别较大,有些类型的光镜有其特殊的用途,但其基本的构造和工作原理是相似的。普通光镜主要由机械系统和光学系统两部分构成,光学系统主要包括光源、反光镜、聚光器、物镜和目镜等部件。

光镜是如何使微小物体放大的呢? 物镜和目镜的结构虽然比较复杂,但它们的作用都是相当于一个凸透镜,由于被检标本是放在物镜下方的 1~2 倍焦距位置的,上方形成倒立的放大实像,该实像正好位于目镜的下焦点(焦平面)范围之内,目镜进一步将它放大成一个虚像,通过调焦可使虚像落在眼睛的明视距离处,在视网膜上形成一个直立的实像。显微镜中被放大的倒立虚像与视网膜上直立的实像是相吻合的,该虚像看起来好像在离眼睛25cm 处。

分辨率(resolution)是光镜的主要性能指标。所谓分辨率,是指显微镜或人眼在 25cm 的明视距离处,能清楚地分辨被检物体细微结构最小间隔的能力,即分辨出标本上相互接近的两点间的最小距离的能力。据测定,人眼的分辨率约为 $100\mu m$。显微镜的分辨率由物镜的分辨率决定,物镜的分辨率就是显微镜的分辨率,而目镜与显微镜的分辨率无关。光镜的分辨率(R)(R 值越小,分辨率越高),可以下式计算:

$$R = \frac{0.6\lambda}{n\sin\theta}$$

n 为聚光镜与物镜之间介质的折射率(空气为 1、油为 1.5);θ 为标本对物镜镜口张角的半角,$\sin\theta$ 的最大值为 1;λ 为照明光源的波长(白光约为 0.5m)。

放大率或放大倍数是光镜性能的另一重要参数,一台显微镜的总放大倍数等于目镜放大倍数与物镜放大倍数的乘积。

2. 普通光学显微镜的基本构造(图 1-1)及功能

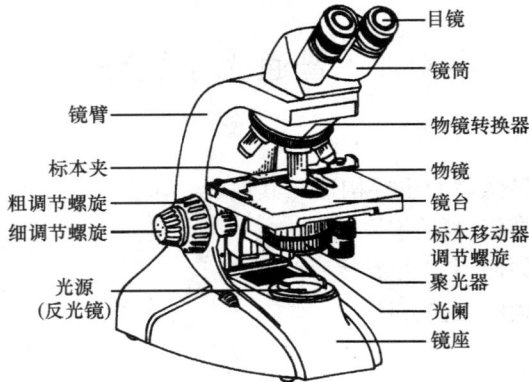

图 1-1　普通光学显微镜的构造

(1) 机械部分

1) 镜筒:为安装在光镜最上方或镜臂前方的圆筒状结构,其上端装有目镜,下端与物镜转换器相连。根据镜筒的数目,光镜可分为单筒式或双筒式两类。单筒光镜又分为直立式和倾斜式两种。而双筒式光镜的镜筒均为倾斜的。镜筒直立式光镜的目镜与物镜的中心线互成 45°角,在其镜筒中装有能使光线折转 45°角的棱镜。

2) 物镜转换器:又称物镜转换盘。是安装在镜筒下方的圆盘状构造,可以按顺时针或反时针方向自由旋转。其上均匀分布有 3~4 个圆孔,用以装载不同放大倍数的物镜。转动物镜转换盘可使不同的物镜到达工作位置(即与光路合轴)。使用时注意所需物镜准确到位。

3) 镜臂:为支持镜筒和镜台的弯曲状构造,是取用显微镜时握拿的部位。镜筒直立式光镜在镜臂与其下方的镜柱之间有一倾斜关节,可使镜筒向后倾斜一定角度以方便观察,但使用时倾斜角度不应超过 45°,否则显微镜则由于重心偏移容易翻倒。在使用临时装片时,千万不要倾斜镜臂,以免液体或染液流出,污染显微镜。

4) 调焦器:也称调焦螺旋,为调节焦距的装置,位于镜臂的上端(镜筒直立式光镜)或下端(镜筒倾斜式光镜),分粗调螺旋(大螺旋)和细调螺旋(小螺旋)两种。粗调螺旋可使镜筒或载物台以较快速度或较大幅度升降,能迅速调节好焦距使物像呈现在视野中,适于低倍镜观察时的调焦。而细调螺旋只能使镜筒或载物台缓慢或较小幅度的升降(升或降的距离不易被肉眼观察到),适用于高倍镜和油镜的聚焦或观察标本的不同层次,一般在粗调螺旋调焦的基础上再使用细调焦螺旋,精细调节焦距。

有些类型的光镜,粗调螺旋和细调螺旋重合在一起,安装在镜柱的两侧。左右侧粗调螺旋的内侧有一窄环,称为粗调松紧调节轮,其功能是调节粗调螺旋的松紧度(向外转偏松,向内转偏紧)。另外,在左侧粗调螺旋的内侧有一粗调限位环凸柄,当用粗调螺旋调准焦距后向上推紧该柄,可使粗调螺旋限位,此时镜台不能继续上升但细调螺旋仍可调节。

5)载物台:也称镜台,是位于物镜转换器下方的方形平台,是放置被观察的玻片标本的地方。平台的中央有一圆孔,称为通光孔,来自下方光线经此孔照射到标本上。在载物台上通常装有标本移动器(也称标本推进器),移动器上安装的弹簧夹可用于固定玻片标本,另外,转动与移动器相连的两个螺旋可使玻片标本前后左右地移动,这样寻找物像时较为方便。

6)镜柱:为镜臂与镜座相连的短柱。

7)镜座:位于显微镜最底部的构造,为整个显微镜的基座,用于支持和稳定镜体。有的显微镜在镜座内装有照明光源等构造。

(2)光学系统部分:光镜的光学系统主要包括物镜、目镜和照明装置(光源、聚光器和光圈等)。

1)目镜:又称接目镜,安装在镜筒的上端,起着将物镜所放大的物像进一步放大的作用。每个目镜一般由两个透镜组成,在上下两透镜(即接目透镜和会聚透镜)之间安装有能决定视野大小的金属光阑——视场光阑,此光阑的位置即是物镜所放大实像的位置。另外,还可在光阑的上面安装目镜测微尺。每台显微镜通常配置 2~3 个不同放大倍率的目镜,常见的有(5×)、(10×)和(15×)(×表示放大倍数)的目镜,可根据不同的需要选择使用,最常使用的是(10×)目镜。

2)物镜:也称接物镜,安装在物镜转换器上。每台光镜一般有 3~4 个不同放大倍率的物镜,每个物镜由数片凸透镜和凹透镜组合而成,是显微镜最主要的光学部件,决定着光镜分辨率的高低。常用物镜的放大倍数有(4×)、(10×)、(40×)和(100×)等几种。一般将(4×)、(10×)的物镜称为低倍镜;将(40×)以上的物镜称为高倍镜;(100×)的物镜通常为油镜,这种镜头在使用时需浸在镜油中。

在每个物镜上通常都刻有能反映其主要性能的参数(图 1-2):主要有放大倍数和数值孔径(如 10/0.25、40/0.65 和 100/1.25)。该物镜所要求的镜筒长度和标本上的盖玻片厚度(160/0.17:单位:mm)等。另外,在油镜上还常标有"油"或"Oil"的字样,物镜分辨率的大小取决于物镜的数值孔径(numerialaperture,N. A.),N. A. 又称为镜口率,其数值越大,则表示分辨率越高。

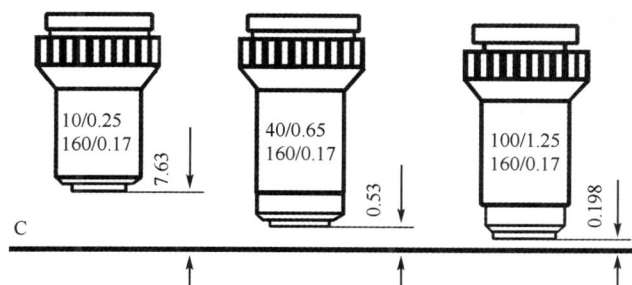

图 1-2 物镜的性能参数及工作距离

油镜在使用时需要用香柏油或液状石蜡作为介质,这是因为油镜的透镜和镜孔较小,而光线要通过载玻片和空气才能进入物镜中,玻璃与空气的折光率不同,使部分光线产生折射而损失掉,导致进入物镜的光线减少,而使视野暗淡,物像不清。在玻片标本和油镜之间填充折射率与玻璃近似的香柏油或液状石蜡时(玻璃、香柏油和液状石蜡的折射率分别为1.52、1.51、1.46,空气为1),可减少光线的折射,增加视野亮度,提高分辨率。

C线为盖玻片的上表面,(10×)物镜的工作距离为7.63mm;(40×)物镜的工作距离为0.53mm;(100×)物镜的工作距离为0.198mm;10/0.25、40/0.65、100/1.25表示镜头的放大倍数和数值孔径。160/0.17表示显微镜的机械镜筒长度(标本至目镜的距离)和盖玻片的厚度,即镜筒长度为160mm,盖玻片厚度为0.17mm。

不同的物镜有不同的工作距离。所谓工作距离是指显微镜处于工作状态(焦距调好、物像清晰)时,物镜最下端与盖玻片上表面之间的距离。物镜的放大倍数与其工作距离成反比。当低倍镜被调节到工作距离后,可直接转换高倍镜或油镜,只需要用细调螺旋稍加调节焦距便可见到清晰的物像,这种情况称为同高调焦。

不同放大倍数的物镜也可从外形上加以区别,一般来说,物镜的长度与放大倍数成正比(表1-1)。

表 1-1　标准物镜的性质

放大倍数	数值孔径	工作距离/mm
10	0.20	6.5
20	0.50	2.0
40	0.65	0.6
100	1.25	0.2

3)照明装置

光源:反光镜,位于聚光镜的下方,可向各方向转动,能将来自不同方向的光线反射到聚光器中。反光镜有两个面,一面为平面镜,另一面为凹面镜,凹面镜有聚光作用,适于较弱光和散射光下使用,光线较强时则选用平面镜(现在有些新型的光学显微镜都有自带光源,而没有反光镜;有的二者都配置)。

聚光器:位于载物台的通光孔的下方,由聚光镜和光圈构成,其主要功能是光线集中到所要观察的标本上。聚光镜由2~3个透镜组合而成,其作用相当于一个凸透镜,可将光线汇集成束。在聚光器的左下方有一调节螺旋可使其上升或下降,从而调节光线的强弱,升高聚光器可使光线增强,反之则光线变弱。

光圈也称为彩虹阑或孔径光阑,位于聚光器的下端,是一种能控制进入聚光器的光束大小的可变光阑。它由十几张金属薄片组合排列而成,其外侧有一小柄,可使光圈的孔径开大或缩小,以调节光线的强弱。在光圈的下方常装有滤光片框,可放置不同颜色的滤光片。

3. 普通光学显微镜的使用方法

(1)准备:将显微镜小心地从镜箱中取出(移动显微镜时应以右手握住镜臂,左手托住镜座),放置在实验台的偏左侧,以镜座的后端离实验台边缘6~10cm为宜。首先检查显微镜的各个部件是否完整和正常,如果是镜筒直立式光镜,可使镜筒倾斜一定角度(一般不应超过45°角)以方便观察(观察临时装片时禁止倾斜镜臂)。

（2）低倍镜的使用方法

1）对光：打开实验台上的工作灯（如果是自带光源显微镜，这时应该打开显微镜上的电源开关），转动粗调螺旋，使镜筒略升高（或使载物台下降），调节物镜转换器，使低倍镜转到工作状态（即对准通光孔），当镜头完全到位时，可听到轻微的扣碰声。

打开光圈并使聚光器上升到适当位置（以聚光镜上端透镜平面稍低于载物台平面的高度为宜）。然后向着目镜内观察，同时调节反光镜的方向（自带光源显微镜，调节亮度旋钮），使视野内的光线均匀、亮度适中。

2）放置玻片标本：将玻片标本放置到载物台上，用标本移动器上的弹簧夹固定好（注意：使有盖玻片或有标本的一面朝上），然后转动标本移动器的螺旋，使需要观察的标本部位对准通光孔的中央。

3）调节焦距：用眼睛从侧面注视低倍镜，同时用粗调螺旋使镜头下降（或载物台上升），直至低倍镜头距玻片标本的距离小于 0.6cm（注意：操作时必须从侧面注视镜头与玻片的距离，以避免镜头碰破玻片）。然后在目镜上观察，同时用左手慢慢转动粗调螺旋使镜筒上升（或使载物台下降）直至视野中出现物像为止，再转动细调螺旋，使视野中的物像最清晰。

如果需要观察的物像不在视野中央，甚至不在视野内，可用标本移动器前后、左右移动标本的位置，使物像进入视野并移至中央。在调焦时如果镜头与玻片标本的距离已超过了1cm 还未见到物像时，应严格按上述步骤重新操作。

（3）高倍镜的使用方法

1）在使用高倍镜观察标本前，应先用低倍镜寻找到需观察的物像，并将其移至视野中央，同时调准焦距，使被观察的物像最清晰。

2）转动物镜转换器，直接使高倍镜转到工作状态（对准通光孔），此时，视野中一般可见到不太清晰的物像，只需调节细调焦螺旋，一般都可使物像清晰。

（4）油镜的使用方法

1）用高倍镜找到所需观察的标本物像，并将需要进一步放大的部分移至视野中央。

2）将聚光器升至最高位置并将光圈开至最大（因油镜所需光线较强）。

3）转动物镜转换盘，移开高倍镜，在玻片标本上需观察的部位（载玻片的正面，相当于通光孔的位置）滴一滴香柏油（折光率 1.51）或液状石蜡（折光率 1.47）作为介质，然后在眼睛的注视下，使油镜转至工作状态。此时油镜的下端镜面一般应正好浸在油滴中。

4）注视目镜，同时小心而缓慢地转动细调螺旋（注意：这时只能使用细调螺旋，千万不要使用粗调螺旋）使镜头微微上升（或使载物台下降），直至视野中出现清晰的物像。操作时不要反方向转动细调螺旋，以免镜头下降压碎标本或损坏镜头。

5）油镜使用完后，必须及时将镜头上的油擦拭干净。操作时先将油镜升高并将其转离通光孔，先用干擦镜纸揩擦一次，把大部分的油去掉，再用沾有少许清洁剂或二甲苯的擦镜纸擦一次，最后再用干擦镜纸揩擦一次。置于玻片标本上的油，如果是有盖玻片的永久制片，可直接用上述方法擦干净；如果是无盖玻片的标本，则盖玻片上的油可用拉纸法揩擦，即先把一小张擦镜纸盖在油滴上，再往纸上滴几滴清洁剂或二甲苯。趁湿将纸往外拉，如此反复几次即可干净。

4. 使用普通显微镜应注意的事项

（1）取用显微镜时，应一只手紧握镜臂，另一只手托住镜座，不要用单手提拿，以避免目镜或其他零部件滑落。

（2）使用镜筒直立式显微镜时,镜筒倾斜的角度不能超过45°角,以免重心后移使显微镜倾倒。观察带有液体的临时装片时,应避免液体流到显微镜上。

（3）不可随意拆卸显微镜上的零部件,以免发生丢失损坏或使灰尘落入镜内。

（4）显微镜的光学部件不可用纱布、手帕、普通纸张或手指揩擦,以免磨损镜面,需要时只能用擦镜纸轻轻擦拭。机械部分可用纱布等擦拭。

（5）在任何时候,特别是使用高倍镜或油镜时,都不要一边在目镜中观察,一边下降镜筒（或上升载物台）,以免镜头与玻片相撞,损坏镜头或玻片标本。

（6）显微镜使用完后应及时复原。先升高镜筒（或下降载物台）,取下玻片标本,使物镜转离通光孔。如镜筒、载物台是倾斜的,应恢复直立或水平状态。然后下降镜筒（或上升载物台）,使物镜与载物台相接近。垂直反光镜,下降聚光器,关小光圈,最后放回镜箱中锁好。

（7）在利用显微镜观察标本时,要养成两眼同时睁开,双手并用（左手操纵调焦螺旋,右手操纵标本移动器）的习惯,必要时应一边观察一边计数或绘图记录。

【思考题及作业】

（1）使用显微镜观察标本时,为什么必须按从低倍镜到高倍镜,再到油镜的顺序进行?

（2）在调焦时为什么要先将低倍镜与标本表面的距离调节到6mm之内?

（3）如果标本片放反了,可用高倍镜或油镜找到标本吗? 为什么?

（4）怎样才能准确而迅速地在高倍镜或油镜下找到目标?

（5）如果细调螺旋已转至极限而物像仍不清晰时,应该怎么办?

（6）如何判断视野中所见到的污点是在目镜上?

（7）在对低倍镜进行准焦时,如果视野中出现了随标本片移动而移动的颗粒或斑纹,是否将标本移至物镜中央就一定能找到标本的物像? 为什么?

实验 2 倒置相差显微镜

【实验目的】

（1）了解倒置相差显微镜的原理和用途。

（2）熟悉倒置相差显微镜使用方法。

【实验用品】

1. 材料 HeLa 细胞。

2. 器材 倒置相差显微镜、培养瓶、擦镜纸、吸水纸、载玻片、盖玻片等。

3. 试剂 1640 培养液（含10%小牛血清）、0.25%胰酶。

【实验内容】

1. 倒置相差显微镜的原理 波长、频率、振幅、相位是所有波的四种基本属性。在人的视觉中,可见光波的波长（及频率）的变化表现为颜色的不同,振幅变化表现为明暗的不同,而相位的变化肉眼是感觉不到的。当光通过透明的活细胞时,虽然细胞内部结构厚度不同,但波长和振幅几乎没有改变,只是相位有了差别,所以用普通的光学显微镜无法看清未经染色的活细胞的内部细节。

相差显微镜(phase contrast microscope)利用光的衍射和干涉特性,在普通光学显微镜中增加了两个部件:在聚光镜上加了一个环状光阑,在物镜的后焦面加了一个相板,从而使看不到的相位差变成以明暗表示的振幅差。因此,可以用来观察未经染色的活细胞。

倒置显微镜(inverted microscope)的光学原理与普通光学显微镜的原理基本相同,它们之间主要差别是倒置显微镜的光源安装在标本的上方,物镜装载在标本的下方,因此,可以用来观察生长在培养瓶皿底部的细胞状态。它与相差装置配合,用来观察培养的活细胞。

2. 相差装置的调节

(1)首先将显微镜合轴。

(2)把视野光圈开大至与聚光器光阑边缘一致。

(3)将与物镜放大倍数一致的相板插入光路(有的相板固化在物镜中就不需要插入相板),选用与物镜放大倍数一致的相环插入(有的是旋入)聚光器中。

(4)把调中目镜换入目镜筒中,旋动调中目镜上的调焦环至相板相环的图像清晰(它们分别是明暗的两个圆环图像)。

(5)调节聚光器上的相环调中螺钮(注意不要旋动聚光器的调中螺钮),使两个圆环图像重叠成同心圆状态。此时的相差装置就调节好了,换回目镜即可用于观察。当更换不同倍率的物镜时,都要选用相一致的相板和相环,并重新调中。否则,相差显微成像效果不佳。

3. 注意事项

(1)载物片或培养瓶必须平整、均匀,标本不能太厚,否则相差显微成像效果不好。

(2)标本要在有水的环境中(如培养瓶中有培养液),要用水封片等,成像效果才明显。

(3)载物片、培养瓶的表面要干净,否则观察的视野中显示许多小的圆斑,影响观察效果。

(4)光路上最好加单色滤光片,如黄绿色滤光片,在此单色光下,相差显微镜的分辨率最高。

4. 用途 倒置相差显微镜主要用于观察正在培养的活细胞,如细胞的生长、运动、发育、分裂、分化、衰老、死亡过程中细胞形态及其内部结构的连续变化。与缩时连续摄影或摄像结合使用,可完整、准确、真实记录下这些渐变过程。

倒置相差显微镜可以观察透明的细胞样品,并提供清晰的观察图像,但是缺点是会有"光晕"现象的产生,因而导致观察的景深受限制,无法用以观察较厚的样品。

5. 示教实验 用倒置相差显微镜观察培养瓶中培养的细胞,注意与普通光学显微镜下(可把培养瓶反转过来将细胞面朝上观察)的相同标本进行比较。

【思考题及作业】

(1)倒置相差显微镜的主要用途。

(2)绘图区别倒置相差显微镜与普通光学显微镜观察到的细胞。

实验 3 荧光显微镜

荧光显微镜(fluorescence microscope)是研究免疫荧光细胞化学的基本工具。它是由光源、滤板系统和光学系统等主要部件组成,是利用一定波长的光激发标本发射荧光,显示标本中的某些化学成分和细胞组分,通过物镜和目镜系统的放大作用观察标本。

【实验目的】

（1）了解荧光显微镜的原理和用途。

（2）熟悉荧光显微镜的使用方法。

【实验用品】

1. 材料　HeLa 细胞。

2. 器材　荧光显微镜、培养瓶、擦镜纸、吸水纸、载玻片、盖玻片等。

3. 试剂　4% 多聚甲醛、1640 培养液（含 10% 小牛血清）、0.25% 胰酶、0.1% 吖啶橙原液、丙酮、PBS、甘油。

4. 主要试剂配制　0.1% 吖啶橙原液：0.1g 吖啶橙加蒸馏水至 100ml。临用时配制 0.01% 吖啶橙染液：将 0.1% 吖啶橙原液用 pH 7.0PBS 稀释。

【实验内容】

1. 荧光显微镜的原理　某些物质受紫外线照射时可发出荧光，这种物质称荧光物质。细胞内含有少数天然荧光物质，如维生素、脂褐素、核黄素等，经紫外线照射后可自发荧光。还有些细胞成分虽然受照射后不发荧光，但可以与某些荧光物质，如酸性品红、甲基绿、吖啶橙等结合，经紫外线照射后可诱发荧光。荧光显微镜就是根据这一现象而设计的显微放大装置，可以观察到这些荧光物质在细胞内的分布位置。

荧光显微镜与普通光学显微镜结构基本相同，主要区别在于光源和滤光片不同。①光源：通常用高压汞灯作为光源，可发出紫外线和短波长的可见光。②二组滤光片：第一组称激光滤片，位于光源和标本之间，仅允许能激发标本产生荧光的光通过（如紫外线）；第二组是阻断滤片，位于标本与目镜之间，可把剩余的紫外线吸收掉，只让激发出的荧光通过，这样既有利于增强反差，又可保护眼睛免受紫外线的损伤。荧光显微镜不仅可以观察固定的切片标本，而且还可以进行活体染色观察。

2. 荧光装置的调节

（1）开启电源

1）打开电源开关，当电压表的指针稳定在 220V 时再进行下一步操作。

2）启动高压汞灯：按启动键，汞灯即可燃亮。若尚未燃亮，可多按几次直至燃亮。

3）待 10min 左右汞灯稳定状态后，再进行操作。移开光帘（向右拉），光线进入光路。

（2）调中光轴

1）将灯前镜摆出光路。

2）用滤光组的 2、3、4 中任一组。

3）放一张标本片在载物台上，选择合适的物镜，调焦到成像。

4）关小视场光圈，调凸镜调节杆到光圈，在标本平面上面成像。

5）调节聚光器调中钮至光圈图像居中。然后，恢复光圈到与视野等大。

（3）调中光源

1）将灯前镜摆入光路。

2）拨动灯前镜调焦杆，使灯影光斑清晰。

3）先调节灯泡调中钮，到灯影光斑居中，在调节反射镜调中钮，到反射影光斑居中。

4）最后将灯前镜摆出光路，即可正常使用。

3. 注意事项

（1）观察对象必须是可自发荧光或已被荧光染料染色的标本。

（2）载玻片、盖玻片及镜油应不含自发荧光杂质。

（3）选用效果最好的滤片组。

（4）荧光标本一般不能长久保存，若持续长时间照射，尤其是紫外线，易褪色。因此，如有条件则应先照相存档，再仔细观察标本。

（5）启动高压汞灯后，不得在 15min 内将其关闭，一经关闭，必须待汞灯冷却后方可再开启。严禁频繁开关，否则，会大大降低汞灯的寿命。

（6）若暂不观察标本，可拉过阻光光帘阻挡光线。这样，既可避免对标本不必要的长时间照射，又减少了开闭汞灯的频率和次数。

（7）较长时间观察荧光标本时，最好戴能阻挡紫外光的护目镜，加强对眼睛的保护。

4. 荧光显微镜的用途　荧光显微镜技术通常用于检测与荧光染料共价结合的特殊蛋白质或其他分子。由于它灵敏度高，用极低浓度（PPM 级）荧光染料就可清楚地显示细胞内特定成分，故可进行活体观察。因此，可以用来观察活细胞内物质的吸收与运输，化学物质的分布与定位等。

近年来发展起来免疫荧光显微技术，可将荧光素标记抗体，利用抗体与细胞表面或内部大分子（抗原）的特异性结合，在荧光显微镜下对细胞内的特异成分进行精确定位研究。

与分光光度计结合构成的显微分光光度计，可对细胞内物质进行定量分析，精确度高，可测得 10^{-15}g 的 DNA 含量。

由于荧光显微镜技术具有染色简便、标本色彩鲜艳、敏感度高和特异性强的特点，在细胞生物学研究领域已被广泛应用。

5. 示教实验　HeLa 细胞 DNA 与 RNA 显示（吖啶橙染色）：HeLa 细胞爬片→4% 多聚甲醛液 10min→0.01% 吖啶橙液染色 5min→水洗→室温干燥（滤纸擦干玻片底面）→荧光显微镜观察。

【思考题及作业】

荧光显微镜的主要用途。

实验 4　激光共聚焦显微镜

【实验目的】

（1）了解激光共聚焦显微镜的原理和用途。

（2）了解激光共聚焦显微镜的使用方法。

【实验用品】

1. 材料　HeLa 细胞。

2. 器材　激光共聚焦扫描显微镜、培养瓶、擦镜纸、吸水纸、载玻片、盖玻片等。

3. 试剂　4% 多聚甲醛液、1640 培养液（含 10% 小牛血清）、0.25% 胰酶、75% 乙醇溶液DAPI 多色核荧光染料、丙酮、PBS、甘油。

4. 主要试剂配制　DAPI 多色核荧光染料：0.1mgDAPI 加入 10ml 双蒸水中，充分溶解DAPI 制成存储液，4℃可以保存 6 个月。染色时，取 100μl 存储液，用 PBS 按照 1∶10 的比例稀释到 1000μl。

【实验内容】

1. 激光共聚焦扫描显微镜的原理　使用荧光物质标记细胞中的特定成分或结构，不仅图像与对比度增强,而且由于许多荧光显微镜的光源使用短波长的紫外光,大大提高了分辨率($\delta = 0.61\lambda/NA$)。但当所观察的荧光标本稍厚时,普通荧光显微镜不仅接收焦平面上的光量,而且来自焦平面上方或下方的散射荧光也被物镜接收,这些来自焦平面以外的荧光使观察到的图像反差和分辨率大大降低(即焦平面以外的荧光结构模糊、发虚,原因是大多数生物学标本是层次区别的重叠结构)。

激光共聚焦扫描显微镜(laser scanning confocal microscope)利用放置在光源后的照明针孔和放置在检测器前的探测针孔实现点照明和点探测,来自光源的光通过照明针孔发射出的光聚焦在样品焦平面的某个点上,该点所发射的荧光成像在探测针孔上,该点以外的任何发射光均被探测针孔阻挡。照明针孔与探测针孔对被照射点或被探测点来说是共轭的,因此被探测点即共焦点,被探测点所在的平面即共焦平面。计算机以像点的方式将被探测点显示在计算机屏幕上,为了产生一幅完整的图像,由光路中的扫描系统在样品焦平面上扫描,从而产生一幅清晰完整的共焦图像。只要载物台沿着 Z 轴上下移动,将样品新的一个层面移动到共焦平面上,样品的新层面又成像在显示器上,随着 Z 轴的不断移动,就可得到样品不同层面连续的光切图像。

激光共聚焦扫描显微镜的每一幅焦平面图像实际上是标本的光学横切面,这个光学横断面总是有一定厚度的,又称为光学薄片。由于焦点处的光强远大于非焦点处的光强,而且非焦平面光被针孔滤去,因此共聚焦系统的景深近似为零,沿 Z 轴方向的扫描可以实现光学断层扫描,形成待观察样品聚焦光斑处二维的光学切片。把 X-Y 平面(焦平面)扫描与 Z 轴(光轴)扫描相结合,通过累加连续层次的二维图像,经过专门的计算机软件处理,可以获得样品的三维图像。参见彩图 1。

2. 操作方法

(1)开启仪器电源及光源

一般先开启显微镜和激光器,再启动计算机,然后启动操作软件,设置荧光样品的激发光波长,选择相应的滤光镜组块,以便光电倍增管(photo multiplier tube,PMT)检测器能得到足够的信号结果。使用汞灯的注意事项同普通荧光显微镜。

(2)设置相应的扫描方式

在目视模式下调整所用物镜放大倍数,在荧光显微镜下找到需要检测的细胞。切换到扫描模式,调整双孔针和激光强度参数,即可得到清晰的共聚焦图像。

3. 注意事项

(1)仪器周围要远离电磁辐射源。

(2)环境无震动,无强烈的空气扰动。

(3)室内具有遮光系统,保证荧光样品不会被外源光漂白。

(4)环境清洁。

(5)控制工作温度在 5~25℃。

4. 激光共聚焦扫描显微镜的用途 激光共聚焦扫描显微镜的基本特点有:主要以荧光为观察方式,光源是激光(紫外、可见光、近红外),点照明,逐点扫描,共聚焦、逐点成像,可进行实时观测和数字化图像,也可以进行图像处理和定量分析,因此在生命科学研究中有广泛的应用。

(1)免疫荧光标记(单标、双标或三标)的定位、定量:细胞膜受体或抗原的分布,微丝、微管的分布、两种或三种蛋白的共存与共定位、蛋白与细胞器的共定位、核转录因子转位和干细胞的增殖、分化等。如,检测细胞膜流动性可以用荧光光漂白恢复技术;检测细胞凋亡可用 AnnexinV-FITC+PI 荧光染色。

（2）多荧光标记样品的高清晰度、高分辨率图像采集,无损伤、连续光学切片,显微"CT",做到真正的三维重组。

（3）细胞或组织内离子动态变化测量:Ca^{2+}、Mg^{2+}、Na^+、K^+等的分布和浓度的变化;氧自由基活性的检测;药物进入细胞的动态过程、定位分布及定量;蛋白质的转位等。

4. 示教实验　取 HeLa 细胞爬片→预冷丙酮4℃固定 10min→PBS 漂洗 2 次,每次 3min→滴加 DAPI 溶液 100μl 室温避光孵育 30min→PBS 漂洗 3 次,每次 5min→滴一小滴甘油/PBS 封片剂(pH 8.5,V_{PBS} : $V_{甘油}$ = 1 : 9)封片→激光共聚焦扫描显微镜观察。

【思考题及作业】

（1）激光共聚焦扫描显微镜的主要用途。

（2）激光共聚焦扫描显微镜与普通荧光显微镜的区别。

实验 5　电子显微镜

在生物医学领域利用高性能的电子显微镜观察细胞中各种细胞器的超微结构,如内质网、线粒体、高尔基体、溶酶体和细胞骨架系统等,对探明病因和治疗疾病有很大帮助。通过电子显微镜研究细胞结构和功能的关系,可以探索细胞的通讯与运输、分裂与分化、增殖与调控等生命活动的规律。电子显微镜也可结合各种制样技术观察病毒、细菌、支原体、生物大分子等的超微结构,是现代生物医学研究不可替代的工具。在此,对透射电子显微镜和扫描电子显微镜做简单介绍。

【实验目的】

（1）了解电子显微镜的原理和用途。

（2）了解电子显微镜使用方法。

【实验用品】

透射电子显微镜。

【实验内容】

1. 透射电子显微镜　透射电子显微镜(transmission electron microscopy,TEM),简称透射电镜,是以波长极短的电子束作为照明源,用电磁透镜聚焦成像的一种高分辨、高放大倍数的电子光学仪器。它由电子光学系统(镜筒)、电源和控制系统、真空系统三部分组成。透射电镜工作时把经加速和聚集的电子束投射到非常薄的样品上,电子与样品中的原子碰撞而改变方向,从而产生立体角散射。散射角的大小与样品的密度、厚度相关,因此可以形成明暗不同的影像,影像将在放大、聚焦后在成像器件(如荧光屏、胶片以及感光耦合组件)上显示出来。

由于电子的德布罗意波长非常短,透射电子显微镜的分辨率比光学显微镜的高很多,可以达到 0.1~0.2nm,放大倍数为几万~百万倍。因此,使用透射电子显微镜可以用于观察样品的精细结构,甚至可以用于观察仅仅一列原子的结构,比光学显微镜所能够观察到的最小的结构小数万倍。TEM 在物理学和生物学相关的许多科学领域都是重要的分析方法,如癌症研究、病毒学、材料科学以及纳米技术、半导体研究等。由于电子易散射或被物体吸收,故穿透力低,样品的密度、厚度等都会影响到最后的成像质量,必须制备更薄的超薄切片,通常为 50~100nm。所以用透射电子显微镜观察时的样品需要处理得很薄。常用的方法有:超薄切片法、冷冻超薄切片法、冷冻蚀刻法、冷冻断裂法等。

2. 扫描电子显微镜   扫描电子显微镜(scanning electron microscope,SEM)是一种利用电子束扫描样品表面从而获得样品信息的电子显微镜。它能产生样品表面的高分辨率图像,且图像呈三维,扫描电子显微镜能被用来鉴定样品的表面结构,由电子光学系统,信号收集及显示系统,真空系统及电源系统组成。

扫描电子显微镜工作原理是用一束极细的电子束扫描样品,在样品表面激发出次级电子,次级电子的多少与电子束入射角有关,也就是说与样品的表面结构有关,次级电子由探测体收集,并在那里被闪烁器转变为光信号,再经光电倍增管和放大器转变为电信号来控制荧光屏上电子束的强度,显示出与电子束同步的扫描图像。图像为立体形象,反映了标本的表面结构。为了使标本表面发射出次级电子,标本在固定、脱水后,要喷涂上一层重金属微粒,重金属在电子束的轰击下发出次级电子信号。

3. 电子显微镜在生物医学领域中的应用   17 世纪光学显微镜的发明,促进了细胞学的发展,20 世纪电子显微镜的发明,揭开了病毒和细胞亚显微结构的奥妙。自 20 世纪 60 年代以来,电镜广泛应用于工农业生产、材料学、考古学、生物学、组织学、病毒学、病理学和分子生物学等众多研究领域中。

(1)在细胞学方面:由于超薄切片技术的出现和发展,人类利用电镜对细胞进行了更深入的研究,观察到了过去无法看清楚的细胞超微结构。例如,用电镜观察到了生物膜的三层结构以及细胞内的各种细胞器的形态学结构等。

(2)电镜在发现和识别病毒方面起到了重要作用:许多病毒是用电镜发现的,且电镜为病毒的分类提供了最直观的依据,例如,曾肆虐全球的 SARS 病毒就是首先在电镜下观察到并确认是病毒而不是支原体的。

(3)在临床病理诊断方面:生物体发生疾病都会导致细胞发生形态和功能上的改变,通过对病变区细胞的电镜观察就可以为疾病诊断提供有力依据。例如,目前电镜在肾活检、肿瘤诊治中发挥了重要作用。

(4)电镜技术与生命科学中新兴起的技术相结合,促进了新技术的应用。例如,电镜技术与免疫学技术相结合产生了免疫电镜技术,它可以对细胞表面及细胞内部的抗原进行定位,可以了解抗体合成过程中免疫球蛋白的分布情况等。

4. 示教实验   参观透射电镜实验室,由专业技术人员介绍。

【思考题及作业】

电镜技术的主要用途。

第二章　细胞形态与结构观察

实验6　细胞形态的观测及显微测量

【实验目的】

（1）熟练掌握普通光学显微镜的使用方法。

（2）观察、了解不同动物细胞的基本形态与结构。

（3）掌握细胞临时制片的方法。

（4）学会使用测微尺,通过测量对细胞核质比进行分析。

（5）了解显微数码技术。

【实验原理】

细胞的形态结构与功能密切相关,在分化程度较高的细胞中更为明显。例如,具有收缩机能的肌细胞伸展为细长形;具有感受刺激和传导冲动机能的神经细胞有长短不一的树枝状突起;游离的血细胞为圆形、椭圆形或圆饼形。

不论细胞的形状如何,细胞的结构一般分为三大部分:细胞膜、细胞质和细胞核。但也有例外,例如,哺乳类红细胞成熟时细胞核消失。

测微尺分目镜测微尺和镜台测微尺,两尺配合使用。目镜测微尺是一个放在目镜像平面上的玻璃圆片,圆片中央刻有一条直线,此线被分为若干格,每格代表的长度随不同物镜的放大倍数而异,用前必须标定。镜台测微尺是在一个载片中央封固的尺,长 1mm（1000μm）,被分为 100 格,每格长度是 10μm。

【实验用品】

1. 材料　人血涂片、蟾蜍血涂片、大白鼠小肠上皮细胞切片、骨骼肌切片。

2. 器材　配有目镜测微尺的显微镜、镜台测微尺、载玻片、盖玻片、吸水纸、小平皿、牙签、擦镜纸、香柏油等。

3. 试剂　1%甲基蓝、清洁剂（$V_{乙醚} : V_{无水乙醇} = 7 : 3$）、二甲苯。

【实验方法和步骤】

1. 取出显微镜,打开光源,将标本放在载物台上,通过调节标本移动器和调焦器,观察标本中的细胞并绘制所观察到的细胞形态结构。

（1）人血涂片:显微镜可见成熟红细胞为双凹圆盘状,无细胞核,白细胞形态各异。

（2）蟾蜍血涂片:显微镜观察可见蟾蜍红细胞为椭球形,有细胞核。白细胞数目少,为圆形。

（3）大白鼠小肠上皮细胞切片:高倍镜下观察,小肠上皮为单层柱状上皮,由大量的柱状细胞及部分杯状细胞交错紧密排列而成。

（4）骨骼肌切片:在显微镜下观察,肌细胞为细长形,可见折光不同的横纹,每个肌细胞有多个核,分布于细胞的周边。

2. 标定目镜测微尺　将镜台测微尺放在显微镜的载物台上夹好,小心转动目镜测微尺和移动镜台测微尺使两尺平行,记录镜台测微尺若干格所对应的目镜测微尺的格数。按下式求出目镜测微尺每格代表的长度:

目镜测微尺每格代表的长度(μm)=镜台测微尺的若干格数/对应的目镜测微尺的格数×10

3. 人口腔上皮细胞标本的制备与观察　用牙签刮取口腔上皮细胞均匀地涂在擦净的载玻片上(不可反复涂抹),滴一滴甲基蓝染液,染色5min,盖上盖片(用镊子轻轻夹住盖玻片的一端,将其对侧先接触载玻片染液,使其与载玻片呈小于45°的角度,慢慢倾斜盖下,防止气泡产生),吸去多余染液。显微镜下观察,可见口腔上皮细胞为扁平椭圆形,中央有椭圆形核,染成蓝色。

4. 测量人口腔上皮细胞　用标定过的目镜测微尺测量人口腔上皮细胞标本的细胞和细胞核的长短径,计算核质比。核质比 $N/D=V_n/(V_c-V_n)$(V_n为核的体积,V_c是细胞的体积)计算细胞、细胞核体积的公式:

$$圆球形\ V=(4/3)\pi r^3(r\ 为半径)$$
$$椭球形\ V=(4/3)\pi ab^2(a、b\ 分别为长、短半径)$$

5. 显微数码技术简介　随着科学技术的发展,人们对微观世界的探索也在不断发展,计算机技术的飞速发展,出现了显微镜和计算机相结合的产物,在国外一些大公司生产的新型显微镜上都配有计算机图像处理系统。简单地说,显微图像的计算机采集系统就是将显微镜中观察到的图像用计算机采集下来并进行图像处理,该系统实现了对图像的实时采集,并可达到较高的分辨率,此外,还可对采集的图像进行分类管理和检索,查找起来非常方便快捷,还可对图像进行编辑合成、特殊处理等。如图1-3所示的细胞有丝分裂过程的记录和图1-4细胞的形态学测量。

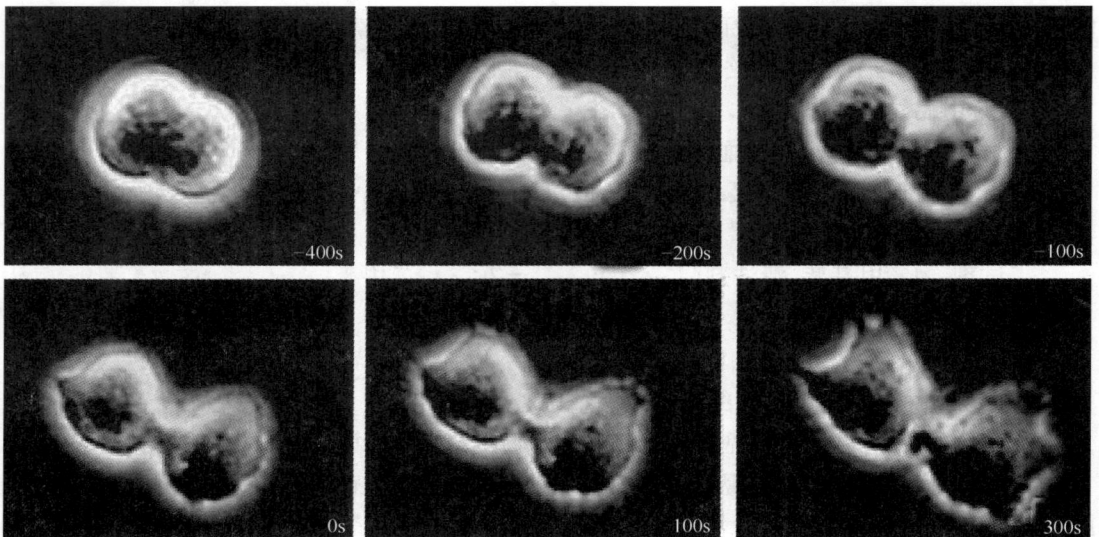

图1-3　图像采集系统记录细胞有丝分裂过程

【思考题及作业】

(1) 为什么不同组织的细胞具有不同的形态结构?

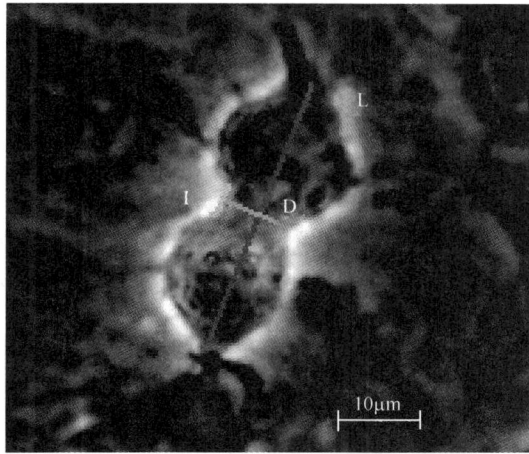

图 1-4　图像处理软件对细胞进行形态学测量
I:间桥长度;D:间桥直径;L:两极之间距离

（2）绘制所观察标本的细胞形态结构并注明基本结构。

（3）分别计算使用低倍镜(10×)、高倍镜(40×)时目镜测微尺每格代表的长度。

（4）计算人口腔上皮细胞的核质比例。

实验 7　间接免疫荧光法观察微管

【实验目的】

（1）掌握细胞微管的标记技术。

（2）掌握荧光显微镜的使用方法。

（3）了解细胞微管的形态特征。

【实验原理】

细胞骨架主要包括微管、微丝和中间纤维以及核骨架-核纤层体系。微管是存在于细胞质的中空圆柱状结构,主要分布在细胞核周围,呈放射状分布;也是鞭毛、纤毛等运动器及其中心粒的组成部分;微管具有维持细胞形态,决定细胞器空间定位,参与细胞内物质运输和细胞分裂等重要功能。

微管主要由 α,β 微管蛋白构成。抗微管蛋白的抗体能特异识别细胞内存在的微管蛋白,通过荧光素标记的二抗与一抗结合,从而使细胞内的微管间接带上荧光素。在激发光下,荧光素发光,从而显示出细胞中微管的形态和分布。因此,间接免疫荧光法能清晰地显示微管结构。

【实验用品】

1. 材料　体外培养的动物细胞。

2. 器材　荧光显微镜、二氧化碳培养箱、倒置显微镜、水平摇床、超净工作台、培养瓶或培养皿、12 孔培养板载玻片、盖玻片、镊子、微量加样器及无菌加样器头、Parafilm 膜、小染色缸、湿盒等。

3. 试剂　PEM、4% 多聚甲醛(溶于 PEM 缓冲液)、0.5% TritonX-100(溶于 PEM 缓冲

液)、PBS(pH 7.0)、3%乙酸、75%乙醇溶液、一抗(如鼠抗 α-tublin)、二抗(如羊抗小鼠 IgG-FITC)、甘油-苯二胺缓冲液。

4. 主要试剂配制　PEM 缓冲液:称取 Pipes18.14g,Hepes6.5g,EGTA3.8g,MgSO$_4$ 0.99g,溶于蒸馏水,容量瓶定容至 0.5L,pH 调至 6.9。

【实验方法和步骤】

1. 细胞的培养与固定

(1)盖玻片处理:3%乙酸溶液浸泡盖玻片 0.5h,经过洗衣粉水洗净,蒸馏水冲洗 3 遍,再用 75%的乙醇溶液浸泡 1h 以上。在超净台中,用镊子取出盖玻片,过酒精灯火焰烧一下,使盖玻片上乙醇及水分蒸发,放入 12 孔培养板中备用。

(2)细胞爬片:经处理的盖玻片放入 12 孔板中,加入 1×10^5 个/ml 细胞,细胞生长于盖玻片并通过细胞自身分泌的细胞外基质,黏附于盖玻片上,待细胞生长到对数生长期时,取出盖玻片。

(3)用预冷的 PBS 轻轻漂洗盖玻片 3 次,每次 1min。

(4)将细胞置入 4%多聚甲醛中室温固定 15min。

(5)用 PBS 洗 3 次,每次 5min。

(6)加 0.5%Triton-100 于冰上放置 5min,用 PBS 洗 3 次,每次 5min。

2. 微管的标记与观察

(1)将盖玻片置于载玻片上(有细胞的一面向上),分为实验组和对照组。实验组滴加抗微管蛋白一抗,对照组滴加相同量的 PBS。将载玻片放在加有 PBS 的潮湿培养皿中,37℃温箱中温育 45min。

(2)用 37℃PBS 洗 3 次,每次 5min。

(3)滴加 FITC 标记的二抗,放在原培养皿中再温育 45min。

(4)用 37℃PBS 洗 2 次。

(5)滴加甘油-苯二胺缓冲液后,加盖玻片,荧光显微镜下观察。实验结果参见彩图 2。

【思考题及作业】

(1)实验中为什么要控制细胞密度?

(2)实验中的抗体浓度如何确定?浓度过高或过低会造成什么影响?

(3)设计一组实验,确定最佳抗体孵育时间和孵育温度。

实验 8　鬼笔环肽对微丝的标记与观察

【实验目的】

(1)掌握细胞微丝的标记技术。

(2)了解细胞微丝的形态特征。

【实验原理】

微丝又称肌动蛋白纤维,是指真核细胞中由肌动蛋白组成,呈双股螺旋状,直径为 7nm 的骨架纤维,主要分布在细胞质膜的内侧;微丝具有维持细胞的形态结构,参与细胞运动、细胞分裂、肌肉收缩、物质运输、受精作用等重要功能。

鬼笔环肽是一种从毒性菇类中分离的生物碱,能结合在肌动蛋白亚单位之间,稳定微丝,促进微丝聚合。鬼笔环肽只与聚合的微丝结合,而不与肌动蛋白单体分子结合,是微丝骨架研究的常用药物。因此,荧光素标记的鬼笔环肽染色法能很好地显示出微丝结构。

【实验用品】

1. 材料　体外培养的动物细胞。

2. 器材　荧光显微镜、二氧化碳培养箱、倒置显微镜、水平摇床、超净工作台、培养瓶或培养皿、载玻片、盖玻片、镊子、微量加样器及无菌加样器头、Parafilm 膜、小染色缸、湿盒等。

3. 试剂　PEM 缓冲液、4% 多聚甲醛(溶于 PEM 缓冲液)、0.5% TritonX-100(溶于 PEM 缓冲液)、55nmol/LAlex-鬼笔环肽、3% 乙酸溶液、75% 乙醇溶液。

【主要试剂配制】

PEM 缓冲液:称取 Pipes18.14g,Hepes6.5g,EGTA3.8g,MgSO$_4$0.99g,溶于蒸馏水,容量瓶定容至 0.5L,pH 调至 6.9。

【实验方法和步骤】

1. 细胞的培养与固定

(1) 盖玻片处理和细胞爬片同上。

(2) 取出盖玻片,室温下用 PEM 洗 3 次,每次 1min。

(3) 0.5% TritonX-100 处理 10min。

(4) PEM 洗 3 次,每次 1min。

(5) 4% 多聚甲醛固定细胞 15min。

(6) PEM 洗 3 次,每次 1min。

2. 微丝的标记与观察

(1) 55nmol/LAlex-鬼笔环肽 10ml 于湿盒中室温下染色 30min。

(2) PEM 洗 3 次,每次 10min。

(3) 滴加甘油-苯二胺缓冲液后,加盖玻片,荧光显微镜下观察。实验结果参见彩图 3。

【思考题及作业】

(1) 制片后为什么要尽快观察?

(2) 可以使用细胞松弛素 B 标记微丝吗? 为什么?

(3) 设计一组未经 0.5% TritonX-100 处理的细胞,分析 TritonX-100 处理的作用。

(4) 鬼笔环肽标记微丝实验能用甲醇固定细胞吗? 为什么?

实验 9　考马斯亮蓝 R250 显示植物细胞骨架

【实验目的】

(1) 掌握植物细胞骨架的标记技术。

(2) 了解不同种类细胞骨架的形态特征。

【实验原理】

细胞骨架主要包括微管、微丝和中间纤维以及核骨架-核纤层体系。微管主要分布在核周围,呈放射状分布;微丝主要分布在细胞质膜的内侧;中间纤维则分布在整个细胞中。细胞骨架具有维持细胞形态结构和内部结构的有序性、参与细胞运动、物质运输、能量转换、信息传递和细胞分裂等重要功能。

考马斯亮蓝 R250 是一种蛋白质染料,植物细胞用 0.5% TritonX-100 处理,可使细胞膜溶解,而细胞骨架的蛋白质被保存,考马斯亮蓝 R250 染色后用光学显微镜观察,可以见到胞质中细胞骨架。因此,考马斯亮蓝 R250 染色法广泛用来显示植物细胞骨架。

【实验用品】

1. 材料　新鲜洋葱鳞茎。

2. 器材　光学显微镜、镊子、剪刀、试管、载玻片、盖玻片、培养皿、烧杯等。

3. 试剂　2%考马斯亮蓝 R250 染色液、PBS(pH6.8)、M 缓冲液、1%TrionX-100 溶液、3%戊二醛溶液。

4. 主要试剂配制

(1) 2%考马斯亮蓝 R250 染色液:称取 0.2g 考马斯亮蓝 R250 粉,置于烧杯中;加入甲醇 46.5ml,搅拌溶解;加入冰乙酸 7ml,均匀搅拌;加入蒸馏水 46.5ml 均匀搅拌。

(2) M 缓冲液:称取咪唑 3.40g,KCl 3.73g,$MgCl_2 \cdot 6H_2O$ 0.1g,EGTA 0.38g,EDTA $\cdot 2H_2O$ 0.04g,巯基乙醇 70μl,甘油 294.8ml,充分溶于烧杯,加水定容至 1L,pH 调至 7.2。

【实验方法和步骤】

(1) 用镊子撕取洋葱鳞叶内侧的表皮若干片(约 $1cm^2$),置于 50ml 烧杯中,加入 PBS,使其下沉。

(2) 吸去 PBS,用 1%TritonX-100 溶液处理 20min。

(3) 吸去 1%TritonX-100 溶液,用 M 缓冲液洗 3 次,每次 5min。

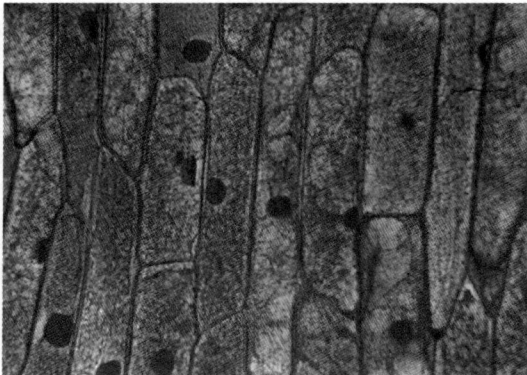

图 1-5　考马斯亮蓝 R250 显示植物细胞骨架

(4) 用 3%戊二醛溶液固定 30min。

(5) PBS 洗 3 次,每次 5min。

(6) 0.2%考马斯亮蓝 R250 溶液染色 10min。

(7) 蒸馏水洗 2 次,然后将样品置于载玻片上,加盖玻片,普通光学显微镜观察。实验结果参见图 1-5。

【思考题及作业】

(1) 洋葱表皮细胞中,质膜下、核周、胞质中的细胞骨架的分布有无不同?

(2) 为什么实验中所观察到的洋葱表皮细胞骨架有的呈纤维状,有的呈串球状?

(3) 描述光镜下观察到的细胞骨架形态特征。

(4) 讨论该实验成败的原因。

实验 10　线粒体的活体染色与观察

【实验目的】

(1) 掌握线粒体活体染色的原理。

(2) 学习活体染色技术,观察动、植物活细胞内线粒体的形态、数量与分布。

【实验原理】

活体染色是应用无毒或毒性较小的染色剂真实地显示活细胞内某些结构而又很少影响细胞生命活动的一种染色方法。活体染色技术可用来研究生活状态下的细胞形态结构和生理、病理状态。活体染色分为体内活体染色和体外活体染色。体外活体染色又称为超活染色,是指活的动物或植物分离出来的一部分细胞或一部分组织被一种活体染色剂染色而不影响细胞或组织的生命。体内活体染色是以胶体状的染料溶液注入动、植物体内,染料的胶粒固定、堆积在细胞内某些特殊结构里,达到易于识别的目的。

线粒体是细胞内一种重要细胞器,是细胞进行呼吸作用的场所。细胞的各项活动所需要的能量主要是通过线粒体呼吸作用来提供的。线粒体的鉴定一般用詹纳斯绿 B(Janus green B)活染法检测。

詹纳斯绿 B 是毒性较小的碱性染料,也是线粒体的专一性活体染色剂。线粒体中细胞色素氧化酶使该染料保持氧化状态呈现蓝绿色从而使线粒体显色,而细胞质中染料被还原成无色。因此,在光学显微镜下很容易观察到这种呈现特殊颜色的线粒体。

在光学显微镜下,线粒体呈多种形态:线状、杆状、粒状、圆形、哑铃形、分枝状等。线粒体的形态与细胞的种类和所处的生理状态有关。

【实验用品】

1. 材料 人口腔黏膜上皮细胞、洋葱鳞茎。

2. 器材 光学显微镜、载玻片、盖玻片、镊子、吸管、擦镜纸、吸水纸、牙签、染色槽、废液缸、记号笔。

3. 试剂 Ringer 溶液、1/5000 詹纳斯绿 B 溶液、二甲苯、香柏油。

4. 主要试剂配制

(1) Ringer 溶液:称量氯化钠 0.85g、氯化钾 0.25g、氯化钙 0.03g,用蒸馏水定容至 100ml。

(2) 1%詹纳斯绿 B 溶液(原液):称取 50mg 詹纳斯绿 B 溶于 5ml Ringer,稍加微热(30~40℃),使之溶解,用滤纸过滤,即为 1%原液。

(3) 1/5000 詹纳斯绿 B 溶液(工作液):取 1%原液 1ml,加入 49ml Ringer 溶液,混匀即可。现用现配。

【实验方法和步骤】

1. 人口腔黏膜上皮细胞线粒体的超活染色观察

(1) 取清洁载玻片平放在实验台上,滴 2 滴詹纳斯绿 B 工作染液。

(2) 实验者用牙签宽头在自己口腔黏膜处稍用力刮取上皮细胞,将刮下的黏液状物放入载玻片的染液滴中,染色 10~15min(注意:不可使染液干燥,必要时可再加滴染液),盖上盖玻片,用吸水纸吸去四周溢出的染液,置显微镜下观察。

(3) 观察:在低倍镜下,选择平展的口腔上皮细胞,换高倍镜或油镜进行观察。可见扁平状上皮细胞的核周围胞质中,分布着一些被染成蓝绿色的颗粒状或短棒状的结构,即是线粒体。

2. 洋葱鳞茎表皮细胞线粒体中的超活染色观察

(1) 用吸管吸取詹纳斯绿 B 工作染液,滴一滴于干净的载破片上,然后撕取一小片洋葱鳞茎内表皮,置于染液中,染色 10~15min。

(2) 用吸管吸去染液,加一滴 Ringer 液,注意使内表皮组织展平,盖上盖玻片进行观察。

(3) 在高倍镜下,可见洋葱表皮细胞中央被一大液泡所占据、细胞核被挤至一侧细胞壁处。观察细胞质中线粒体的形态与分布。

【思考题及作业】

(1) 线粒体活体染色的原理是什么?

(2) 绘制光学显微镜下人口腔黏膜上皮细胞中线粒体的形态和分布图。

第三章 细胞生理

实验 11 细胞膜的通透性

【实验目的】

（1）观察动物红细胞在不同渗透压溶液中的溶血现象。

（2）理解细胞膜的选择通透性和物质交换功能中的简单扩散。

（3）学习区分死活细胞的实验方法。

一、细胞膜通透性的观察

【实验原理】

细胞膜是细胞与环境进行物质交换的屏障，是一种选择性通透膜。细胞通过细胞膜与细胞外环境进行选择性物质交换，不同的物质交换的形式有所不同。

当红细胞处于低渗盐溶液中时，水分子大量渗透到细胞内，使细胞膨胀，进而破裂，血红蛋白逸出细胞外，使溶液由不透明的红细胞悬液变为红色透明的血红蛋白溶液，这种现象称为溶血。

当红细胞处于某些等渗盐溶液中时，由于红细胞膜对各种溶质的通透性不同，膜两侧的渗透压平衡会发生变化，也会发生溶血现象。溶血现象可作为测量物质进入细胞速度的一种指标。

在乙二醇、丙三醇（甘油）、葡萄糖的等摩尔浓度高渗液中，脂溶性物质如乙二醇、丙三醇等分子容易透过细胞膜。当乙二醇等分子进入红细胞时，会使细胞内的渗透性活性分子的浓度大为增加，继而导致水的摄入，使细胞膨胀，细胞膜破裂，发生溶血。溶血现象发生的快慢与进入细胞的物质的分子质量大小、脂溶性大小等有关。相对分子质量大、脂溶性低的物质进入细胞慢，因此发生溶血所需的时间相对长。发生溶血者为低渗液，所以把发生溶血的前一管溶液的浓度近似视为红细胞等渗。

【实验用品】

1. 材料　家兔。

2. 器材　吸管、烧杯、试管架、牙签、擦镜纸、刻度吸管、试管、载玻片、盖玻片、吸水纸、小纱布等。

3. 试剂　蒸馏水、0.9% NaCl 溶液、1.6% NaCl 溶液、1mol/L 乙二醇水溶液、1mol/L 丙三醇水溶液、1mol/L 葡萄糖、3mol/L 甲醇、3mol/L 乙醇、3mol/L 丙醇溶液。

【实验方法和步骤】

1. 红细胞悬液的制备　先在烧杯中加入 0.9% NaCl 溶液 10ml。用空气栓塞法处死家兔，剪开家兔胸廓，暴露心脏，在心脏内抽取血液 5ml，注入烧杯中，轻轻振摇，混匀，制备成 50% 的红细胞悬液。注意：观察红细胞悬液的特点，为一种不透明的红色液体。

2. 溶血现象

（1）每人取 3 支试管,依次编号为 1 号(低渗)、2 号(等渗)、3 号(高渗)。用不同的刻度吸管在 1 号、2 号、3 号试管内分别加入蒸馏水、0.9% NaCl 和 1.6% NaCl 各 2ml。

（2）在各试管中分别加入 50% 红细胞悬液 2 滴,用硫酸纸封住管口,倒置一次。

（3）观察红细胞在低渗、等渗和高渗溶液中的溶血现象(溶液的颜色变化、溶液是否透明等)。观察溶血时间,最长观察 10min。

（4）记录观察结果,分析发生溶血的原因(表 1-2)。

表 1-2　溶血现象

编号	加入溶液	溶血现象	原因
1 号(低渗液)	蒸馏水		
2 号(等渗液)	0.9% NaC 溶液		
3 号(高渗液)	1.6% NaCl 溶液		

3. 血细胞在不同渗透压溶液中的形态学特征

（1）用牙签分别蘸取上述试管的低渗、等渗和高渗溶液各一滴于载玻片上,盖上盖玻片。

（2）高倍镜下观察低渗、等渗和高渗溶液中的兔红细胞形态。

（3）记录观察结果,分析细胞形态变化的原因(表 1-3)。

表 1-3　细胞形态变化

编号	加入溶液	兔红细胞形态特征
1 号(低渗液)	蒸馏水	
2 号(等渗液)	0.9% NaCl 溶液	
3 号(高渗液)	1.6% NaCl 溶液	

4. 分子质量大小对膜通透性的影响

（1）在编号的 3 支试管中,分别吸入 2ml 1mol/L 乙二醇,2ml 1mol/L 丙三醇和 2ml 1mol/L 葡萄糖高渗液。

（2）在各试管中分别加入 50% 红细胞悬液 2 滴,用硫酸纸封住管口,倒置一次。

（3）观察溶血时间,最长观察 10min。

（4）记录实验结果(表 1-4)。

表 1-4　溶血时间

溶液	相对分子质量	溶血时间
1mol/L 乙二醇	62	
1mol/L 丙三醇	92	
1mol/L 葡萄糖	180	

5. 脂溶性大小对细胞膜通透性的影响　取乙二醇、丙三醇水溶液各 2ml 分别加入 2 支试管中,在各试管中分别加入 50% 红细胞悬液 2 滴,用硫酸纸封住管口,倒置一次。观察溶血时间(表 1-5)。

表 1-5 溶血时间

溶液	相对分子质量	分配系数	溶血时间
3mol/L 甲醇	32.04	0.0097	
3mol/L 乙醇	46.07	0.035	
3mol/L 丙醇	58	0.156	

二、细胞活性鉴定

死细胞和活细胞的细胞膜通透性有差异:活细胞的细胞膜是一种选择性膜,对细胞起保护和屏障作用,只允许物质选择性的通过;而细胞死亡之后,细胞膜受损,通透性增加。

死活细胞的鉴定在生物学和医学上具有很重要的意义。细胞培养过程中要随时记录细胞的生长情况,需要经常测定细胞的存活率;在肿瘤细胞的研究中,为了检验各种药物对肿瘤细胞的杀伤力,也需要测定肿瘤细胞的存活率。在临床医学中死活细胞的鉴定也有很大的应用,例如,为了检测某一男子的生育能力,测定精子细胞的存活率是比较常用的办法。

死活细胞的鉴定方法有很多种,染色法是常用的细胞死活鉴定方法,简便,易于操作。

【实验原理】

1. 台盼蓝染色法 台盼蓝,又称锥虫蓝,是一种阴离子型染料,不能透过完整的细胞膜。所以经台盼蓝染色后只能使死细胞着色,而活细胞不被着色。甲基蓝有类似的染色机理。常用台盼蓝鉴别细胞死活。

2. 亚甲蓝染色法 死活细胞在代谢上的差异,是采用亚甲蓝染料鉴定酵母细胞死活的依据。亚甲蓝是一种无毒染料,氧化型为蓝色,还原型为无色。由于活细胞中新陈代谢的作用,使细胞内具有较强的还原能力,能使亚甲蓝从蓝色的氧化型变为无色的还原型,因此亚甲蓝染色后活的酵母细胞无色;而死细胞或代谢缓慢的老细胞,则因它们的无还原能力或还原能力极弱,使亚甲蓝处于氧化态,从而被染成蓝色或淡蓝色。

3. 荧光素双醋酸酯(FDA)染色法 荧光素双醋酸酯(fluorescein diacetate,FDA)本身不产生荧光,也无极性,能自由渗透出入完整的细胞膜。当 FDA 进入活细胞后,被细胞内的脂酶分解,生成有极性的、能产生荧光的物质–荧光素,该物质不能自由透过活的细胞膜,积累在细胞膜内,因而使有活力的细胞产生绿色荧光;而无活力的细胞因不能使 FDA 分解,而无法产生荧光。

【实验用品】

1. 材料 酵母。

2. 器材 吸管、载玻片、盖玻片、吸水纸等。

3. 试剂 0.2%亚甲蓝染液。

【实验步骤和方法】

(1) 取酵母悬液一滴于洁净玻片上。

(2) 滴一滴 0.2%亚甲蓝染液,加盖片。

(3) 吸水纸吸去多余水分后显微镜下观察。

【思考题及作业】

(1) 在做细胞膜通透性实验时,吸管和试管一定要干燥,而且要专管专用,不能混用,为什么？

（2）根据溶血结果说明脂溶性不同的物质对细胞膜的通透性有何影响？

（3）荧光素二乙酸酯能使活细胞产生荧光素吗？

（4）分别绘出两个在等渗和高渗溶液状态下的兔红细胞形态，并简单分析它们各自溶血现象的原因。

（5）请试着分析脂溶性对物质通过细胞膜的影响。

实验 12　细胞膜的流动性

膜的流动性是生物膜的基本特征之一，主要指膜脂肪酸链部分及膜蛋白的运动。膜脂类分子在相变温度以上条件下主要有侧向扩散、旋转、左右摇摆、翻转等方式。膜蛋白的运动方式大体分为侧向及旋转运动。脂肪酸不饱和键含量和链的长度明显影响着膜脂流动性，不饱和键的存在会降低膜脂分子间排列的有序性，从而增加膜的流动性，短链能减低脂肪酸链尾部相互作用，在相变温度下，不易于凝集，此外，脂肪酸烃链围绕 C—C 键由全反式构型到歪扭（CAUCHE）的旋转异构运动，也可使流动性加大。

生物膜适宜的流动性是体现生物膜正常功能的必要条件，在一定范围内，膜流动性增加，有利于膜中酶分子的扩散和旋转运动，使酶活性增加。一些载体蛋白分子的运动性也取决于膜中脂类分子的流动性。研究发现肿瘤对化疗药物产生的耐药性主要与细胞膜 P-糖蛋白过度表达谷胱甘肽及其相关酶系活性改变有关，也有许多研究表明耐药细胞膜流动性较亲代敏感细胞明显增加。另有实验研究发现腹水癌细胞的恶性程度随着膜流动性的增加而增加，白血病及转移的肿瘤细胞的膜流动性远远高于非转移细胞。因此，对敏感及耐药的肿瘤细胞膜流动性的检测有着重要的意义。

膜流动性的测定方法主要有荧光探针标记、电子自旋共振、差示扫描量热法、X-线衍射以及核磁共振等。在这里将重点介绍荧光探针标记法测定细胞膜流动性。

【实验目的】

（1）掌握测定细胞膜流动性的方法。

（2）了解荧光探针标记法测定细胞膜流动性的原理。

【实验原理】

常用于研究膜脂流动性的荧光探针为 1,6-二苯基-1,3,5-己三烯（DPH）。DPH 掺入到细胞膜脂烃链区后，介质黏度增加，顺反异构受到抑制，成为唯一能发光的全反构型。DPH 分子长轴与脂肪酸烃链近似平行，其荧光强度可比较好地反映膜脂质区的微黏度，从而说明膜的流动性。

【实验用品】

1. 材料　对数生长期肿瘤细胞。

2. 器材　荧光分光光度计、离心机、细胞培养箱、离心管、烧杯等。

3. 试剂　0.01mol/L 磷酸缓冲液、PBS、DPH。

4. 主要试剂配制　0.01mol/L 磷酸缓冲液：分别称取氯化钠 7.2g 和磷酸氢二钠 1.48g 用蒸馏水溶解，混合后用蒸馏水定容至 1000ml，调 pH 至 7.2。

【实验方法和步骤】

（1）取对数生长期的肿瘤细胞，以 pH 7.2,0.01mol/L 磷酸盐缓冲液洗涤两次。

（2）取 10^7 个细胞,离心,加入 2×10^6 mol/L DPH 溶液 2ml。

（3）25℃振荡温育 30min,再以 PBS 洗涤 1 次。

（4）悬浮于 4ml PBS 溶液中。

（5）测定仪器为荧光分光光度计,在激发波长 362nm,发射波长 432nm,狭缝宽度 10nm 条件下测定荧光强度。

注意:由于 DPH 可进入细胞内部,后来又合成了其阳性离子衍生物 1-(4-三甲胺苯基)-6-苯基-1,3,5-己三烯(TMDPH)。TMDPH 不能透过细胞膜进入细胞,因此,理论上 TMDPH 标记法较 DPH 标记法更能准确的反映膜脂流动性。

【思考题及作业】

（1）用哪些方法可以检测细胞流动性和通透性?

（2）用什么检测细胞膜流动性可信度最好?

实验 13 植物凝集素对红细胞的凝集作用

【实验目的】

（1）掌握细胞凝集反应的方法。

（2）了解细胞发生凝集反应的原因。

【实验原理】

凝集素是一类含糖、并能与糖专一结合的蛋白质,被认为与糖的运输、储存物质的积累、细胞间的互作以及细胞分裂的调控有关。凝集素使细胞凝集是因为它与细胞表面的糖分子连接,在细胞间形成"桥"的结果,加入与凝集素互补的糖可以抑制细胞发生凝集。大多数凝集素存在于储藏器官中,作为一种氮源;对某些植物而言,受到危害时,凝集素作为一种防御蛋白发挥作用。凝集素与糖结合的活性及专一性决定其功能。

【实验材料】

1. 材料 马铃薯块茎、韭菜叶片、家兔。

2. 器材 捣碎机、离心机、光学显微镜、离心管、载玻片等。

3. 试剂 磷酸缓冲液、生理盐水。

4. 主要试剂配制

（1）磷酸缓冲液:分别称取氯化钠 7.2g 和磷酸氢二钠 1.48g 用蒸馏水溶解,混合后用蒸馏水定容至 1000ml,调 pH 至 7.2。

（2）2%兔血细胞:以无菌方法抽取兔的静脉血液(加肝素抗凝剂)用生理盐水洗 5 次,每次 2000r/min 离心 5min,最后按红细胞体积加生理盐水配成 2%兔血细胞液。

【实验方法和步骤】

1. 马铃薯块茎

（1）提取凝集素:称取马铃薯去皮块茎 4g,加少许磷酸缓冲液研磨成匀浆,最终加到 30ml 磷酸缓冲液,浸泡 2h,浸出的粗提液中含有可溶性马铃薯凝集素。

（2）测定血凝活性:用滴管吸取马铃薯凝集素粗提液和 2%兔血细胞液各一滴,置载玻片上,充分混匀,静置 10min 后于低倍显微镜下观察细胞凝集现象。

2. 韭菜叶片

（1）取韭菜叶片 3~5g 用蒸馏水洗净剪碎,按 1:1(m/v)加入生理盐水,研磨成匀浆,过滤,滤液在 5000r/min 下离心 20min,弃沉淀,留上清液。

（2）上清液加硫酸铵（约 1.8g）至 60% 饱和度沉淀,5000rpm 离心 20min,沉淀用 1ml 磷酸缓冲液溶解。

（3）用滴管吸取韭菜凝集素提取液和 2% 兔血细胞液各一滴,置载玻片上,充分混匀,静置 10min 后于光学显微镜下观察细胞凝集现象。用一滴磷酸缓冲液和一滴 2% 兔血细胞液混合作为对照观察。

【思考题及作业】

（1）植物细胞凝集素在兔红细胞液凝集过程中所起的作用?

（2）哪些因素影响细胞凝集反应?

（3）绘图表示血细胞凝集现象,并说明原因。

（4）比较马铃薯和韭菜凝集素的凝集效果（可用凝集率、细胞产生凝集所需时间作为比较依据）。

实验 14　小鼠腹腔巨噬细胞的吞噬实验

【实验目的】

（1）掌握小鼠腹腔巨噬细胞吞噬现象的原理。

（2）熟悉细胞吞噬作用的基本过程。

【实验原理】

细胞的吞噬作用为单细胞动物摄取营养物质的方式,是机体非特异性免疫功能的重要组成部分,高等动物巨噬细胞、单核细胞和中性粒细胞均具有吞噬功能。巨噬细胞是由骨髓干细胞分化生成,当病原微生物或其他异物侵入机体时,巨噬细胞由于具有趋化性,便向异物处聚集,巨噬细胞可将之内吞入胞质,形成吞噬泡,然后在胞内与溶酶体融合,将异物消化分解。吞噬泡的形成需要有微丝及其结合蛋白的帮助,如果用降解微丝的药物细胞松弛素 B 处理细胞,则可阻断吞噬泡的形成。

【实验用品】

1. 材料　小鼠、0.5% 鸡红细胞悬液。

2. 器材　显微镜、解剖盘、剪刀、镊子、1ml 注射器、载玻片、盖玻片、吸管等。

3. 试剂　0.9% 生理盐水、6% 淀粉、0.3% 台盼蓝。

4. 主要试剂配制

（1）6% 淀粉:可溶性淀粉 6.0g 加水 100ml 煮沸备用。

（2）0.3% 台盼蓝:称取台盼蓝粉 0.3g,溶于 100ml 生理盐水中,加热使之完全溶解,用滤纸过滤除渣,装入瓶内,室温保存。

【实验方法和步骤】

（1）鸡翼下静脉取血后,加生理盐水离心两次,然后根据获得的红细胞的体积加入适量的生理盐水,使用的鸡红细胞浓度为 0.5%。

（2）实验前一天,向小鼠腹腔注射 1ml 6% 可溶性淀粉。

（3）实验前 30min,向腹腔内注射 1ml 0.5% 的鸡红细胞,并轻揉腹部,使鸡红细胞悬液分散。

（4）30min 后,用脊椎脱臼法处死小鼠。

（5）迅速剖开腹腔,用不装针头的注射器吸取腹腔液。

（6）在干净的载玻片上滴加一滴腹腔液,盖上盖玻片,显微镜下检查。

（7）结果观察:先在高倍镜下分辨鸡红细胞和巨噬细胞,并变换视野,仔细观察巨噬细胞吞噬鸡红细胞的过程。

鸡红细胞为淡红色、椭圆形、有核的细胞。而体积较大圆形或不规则的细胞,其表面有许多似毛刺状的小突起(伪足),细胞质中有数量不等的蓝色颗粒(为吞入的含台盼蓝淀粉形成的吞噬泡)即为巨噬细胞。

可见有的鸡红细胞(一至多个)贴附于巨噬细胞的表面;有的巨噬细胞已将一至数个红细胞部分吞入;有的巨噬细胞已吞入1个或几个红细胞在胞质中刚形成椭圆形的吞噬泡;有的巨噬细胞内的吞噬体缩小,并呈现圆形,这是因为吞噬体与初级溶酶体发生融合,泡内物正在被消化分解。

注意:腹腔注射时不要刺伤内脏;观察时,将视野调暗。

【思考题及作业】

（1）实验前一天为什么要向小鼠腹腔注射可溶性淀粉?

（2）绘制小鼠腹腔巨噬细胞吞噬鸡红细胞的各种形态。

（3）计算吞噬细胞吞噬百分数。

第四章 细胞化学成分的显示

实验 15 细胞中 DNA 和 RNA 的显示

【实验目的】

（1）熟悉 Feulgen 反应、Brachet 反应和吖啶橙荧光染色法的原理及方法。

（2）掌握洋葱根尖、洋葱表皮临时装片及血涂片的制作方法。

（3）了解细胞内 DNA 和 RNA 的分布位置。

【实验原理】

Feulgen 反应的原理：1924 年 Feulgen 等人建立的 Feulgen 染色法是显示 DNA 的经典方法。DNA 是由许多单核苷酸聚合成的多核苷酸，每个单核苷酸又由磷酸、脱氧核糖和碱基构成。DNA 经 1mol/L 盐酸水解，其上的嘌呤碱和脱氧核糖之间的键打开，使脱氧核糖的第一碳原子上形成游离的醛基，这些醛基与 Schiff 试剂反应。Schiff 试剂是由碱性品红和偏重亚硫酸钠作用，形成的无色品红液。当无色品红与醛基结合则形成紫红色的化合物；紫红色的产生，是由于反应产物的分子内含有醌基，醌基是一个发色基团，所以具有颜色。因此，DNA 经 Feulgen 染色法处理后显示紫红色。而材料不经过水解或预先用热的三氯乙酸或 DNA 酶处理，不能形成游离的醛基，得到的反应是阴性的，从而证明了 Feulgen 反应的专一性。此法即可定位又可用显微分光光度计定量分析。

Brachet 反应的原理：核酸为酸性，它们与碱性染料甲基绿（methyl green）和派洛宁（py-ronin）具有亲和力。甲基绿-派洛宁混合液处理细胞，可使 DNA 和 RNA 呈现出不同的颜色，原因在于 DNA 和 RNA 聚合程度有所不同，甲基绿分子上有两个相对的正电荷，它与细胞核中聚合程度较高的 DNA 分子选择性结合，可使 DNA 分子染成蓝色或绿色；而派洛宁分子仅带一个正电荷，可与核仁、细胞质中低聚性的 RNA 分子相结合使其染成红色。

吖啶橙荧光染色法的原理：吖啶橙（acridine orange，AO）是极灵敏的荧光染料，它可对细胞中的 DNA 和 RNA 同时染色而显示不同颜色的荧光。其激发峰为 492nm，荧光发射峰为 530nm（DNA）、640nm（RNA），它与双链 DNA 的结合方式是嵌入双链之间，而与单链 RNA 则由静电吸引堆积在其磷酸根上。在蓝光（502nm）激发下，细胞核发亮绿色荧光（约530nm），核仁和胞质 RNA 发橘红色荧光（>580nm）。吖啶橙的阳离子也可以结合在蛋白质、多糖和膜上而发荧光，但细胞固定阻抑了这种结合，从而主要显示 DNA、RNA 两种核酸。

【实验用品】

1. 材料 洋葱、蟾蜍、人口腔黏膜上皮细胞。

2. 器材 光学显微镜、荧光显微镜、恒温水浴锅、温度计、剪刀、镊子、注射器、载玻片、盖玻片、吸水纸、染色缸、染色架、牙签等。

3. 试剂 1mol/L HCl 溶液、Schiff 试剂、亚硫酸水溶液、0.2mol/L 乙酸缓冲溶液、2% 甲基绿染液、1% 派洛宁染液、甲基绿-派洛宁混合染液、70% 乙醇溶液、95% 乙醇溶液、蒸馏水、

0. 1mol/L PBS 溶液(pH 7. 0)、0. 1%吖啶橙原液。

4. 主要试剂配制

(1) 1mol/L HCl 溶液:取 82. 5ml 相对密度为 1. 19(含 HCl 37%,浓度约为 12mol/L)的盐酸加蒸馏水 1000ml 即成(应将盐酸缓慢加入水中)。

(2) Schiff 试剂:将 0. 5g 碱性品红加入 100ml 煮沸的蒸馏水中,充分搅拌,必要时可再煮 5min,使之充分溶解;然后冷却至 50℃时过滤到具有玻塞的棕色试剂瓶,加入 10ml 1mol/L HCl 溶液,冷却至 25℃时加入 0. 5g 偏重亚硫酸钠,在室温黑暗条件下静置 24h,其颜色呈褐色或淡黄色,加活性炭 0. 5g 剧烈振荡摇匀 1min;过滤,滤液为无色。置棕色瓶密封,外包黑纸,4℃保存。

(3) 亚硫酸水溶液:在 200ml 自来水中,加入 10ml 10%的偏亚硫酸钠(或偏亚硫酸钾)溶液,或加入 10ml 30%的偏重亚硫酸钠溶液,再加入 1mol/L HCl 溶液 10ml 即成,盖紧瓶塞。此液要现配现用。

(4) 0. 2mol/L 乙酸缓冲溶液:取 1. 2ml 冰乙酸加入到 98. 8ml 蒸馏水中,混匀;再称取 2. 7g 乙酸钠(NaAc · 3H$_2$O)溶于 100ml 蒸馏水中,使用时按 2∶3 的比例混合以上两液即成 0. 2mol/L 乙酸缓冲溶液。

(5) 甲基绿-派洛宁混合染液:称取 2. 0g 去杂质甲基绿溶于 100ml 0. 2mol/L 的乙酸缓冲溶液中,用滤纸过滤后,配成 2%甲基绿染液,将滤液放入棕色瓶中备用。称取 1g 派洛宁溶于 100ml 0. 2mol/L 乙酸缓冲溶液中混匀,配成 1%派洛宁染液,放入棕色瓶中备用;将 2%甲基绿液和 1%派洛宁液以 5∶2 的比例混合均匀即可,该液应现配现用,不宜久置。

(6) 0. 1mol/L PBS 溶液(pH 7. 0):A 液:NaH$_2$PO$_4$ · H$_2$O 2. 76g 加蒸馏水至 100ml;B 液:Na$_2$HPO$_4$ · 7H$_2$O 5. 36g 加蒸馏水至 100ml;取 A 液 16. 5ml、B 液 33. 5ml、NaCl 8. 5g 用蒸馏水稀释至 100ml。

(7)0. 1%吖啶橙原液:0. 1g 吖啶橙加蒸馏水至 100ml。临用时配制 0. 01%吖啶橙染液:将 0. 1%吖啶橙原液用 pH 7. 0 PBS 稀释。

【实验方法和步骤】

1. Feulgen 反应显示洋葱根尖细胞中 DNA

(1) 剪取 0. 5cm 长的洋葱根尖,置于 1mol/L HCl 溶液中加热至 60℃水解 8~10min。

(2) 取出洋葱根尖用蒸馏水漂洗片刻。

(3) 加 0. 5ml Schiff 试剂遮光染色 30min。

(4) 用新配制的亚硫酸水溶液洗 3 次,每次 2min。

(5) 自来水漂洗 3 次,每次 2min,蒸馏水漂洗 1 次。

(6) 将根尖置于载玻片上,加盖玻片,轻压至扁平状。

(7) 观察:在光学显微镜下观察细胞各部分结构及染色反应,DNA 所在部位被染色成紫红色。

2. Brachet 反应显示蟾蜍血细胞中 DNA 和 RNA

(1) 制备蟾蜍血涂片:打开蟾蜍胸腔,暴露心脏,剪开心包,用注射器取心脏血,滴一小滴在干净的载玻片一端,取另一载玻片使其一端紧贴血滴,待血液沿其边缘散开后,以 30°~45°角向载玻片的另一端推去,制成薄而均匀的血涂片,室温下晾干。

(2) 固定:将晾干的血涂片浸入 70%乙醇溶液中固定 5~10min,取出后室温下晾干。

(3) 染色:将血涂片平放在染色架上,加数滴甲基绿-派洛宁混合液于血涂片标本上,染色 15~20min。

（4）冲洗：先用细流水冲洗掉多余的染料，再用蒸馏水漂洗标本片 2~3 次（3s/次），并用吸水纸吸去多余的水分。

（5）分化：将血涂片在 95% 乙醇溶液中迅速蘸一下（2~3s），取出晾干。

（6）观察：光镜下可见细胞质呈现红色，细胞核呈绿色或蓝色，而其中核仁被染成紫红色。

3. Brachet 反应显示洋葱表皮细胞中 DNA 和 RNA

（1）用小镊子撕取一小块洋葱鳞茎表皮置于载玻片上。

（2）取一滴甲基绿-派洛宁染液滴在表皮上，处理 30~40min。

（3）蒸馏水冲洗表皮，并立即用吸水纸吸干（因派洛宁易脱色）。

（4）盖上盖玻片后置显微镜下观察。可见细胞核除核仁外均被染成蓝绿色，表明其含有 DNA；而细胞质因含有较多 RNA 故被染成红色。

4. 吖啶橙荧光染色法显示人口腔黏膜上皮细胞中 DNA 和 RNA

（1）用牙签刮取口腔上皮细胞涂在干净载玻片上。

（2）95% 乙醇溶液固定 5min。

（3）滴加 0.01% 吖啶橙染液染色 5min。

（4）用 0.1mol/L PBS 缓冲液缓慢冲洗。

（5）加盖玻片镜检：荧光显微镜下（选用紫蓝光激发滤片），可见含 DNA 的细胞核显示黄绿色荧光，含 RNA 的细胞质及核仁显示橘红色荧光。

【思考题及作业】

（1）解释 Feulgen 反应显示 DNA 的实验中 1mol/L HCl 和亚硫酸水溶液作用。

（2）在 Brachet 反应显示 DNA 和 RNA 的实验中，如果用 70% 乙醇溶液固定后没有晾干即进行下一步，实验结果将会如何？并解释其中的原因。

（3）为什么吖啶橙染色后 DNA 和 RNA 会显示不同的颜色？

实验 16　细胞中酸性蛋白和碱性蛋白的显示

【实验目的】

（1）掌握细胞内酸性蛋白和碱性蛋白的染色原理及方法。

（2）观察蟾蜍红细胞内酸性蛋白和碱性蛋白在细胞中的分布。

【实验原理】

蛋白质的基本组成单位是氨基酸，是两性电解质。在不同的 pH 下，蛋白质可解离为正离子、负离子或两性离子，当蛋白质处于某一 pH 溶液时，它恰好带有相等的正负电荷，这时溶液的 pH 即为该蛋白质的等电点。不同蛋白质分子所带有的碱性氨基酸和酸性氨基酸的数目不等，它们的等电点也不一样。因此蛋白质分子所带的净电荷既受所在溶液 pH 的影响，也取决于蛋白质分子组成中碱性氨基酸和酸性氨基酸的含量。在生理条件下，整个蛋白质带负电荷多，为酸性蛋白质（等电点偏向酸性）；带正电荷多，为碱性蛋白质（等电点偏向碱性）。标本经三氯乙酸处理后，用不同 pH 的固绿染液（一种弱酸性染料，本身带负电荷）对细胞中的蛋白质染色，可使细胞内的酸性蛋白和碱性蛋白分别显示。

【实验用品】

1. 材料　蟾蜍。

2. 器材　光学显微镜、恒温水浴锅、剪刀、镊子、注射器、载玻片、盖玻片、吸水纸、染色缸、染色架等。

3. 试剂　0.2% 固绿染液、70% 乙醇溶液、5% 三氯乙酸、0.01mol/L HCl、0.05% 碳酸钠溶液。

4. 主要试剂配制

（1）0.2% 固绿染液：取 0.2g 固绿溶于 100ml 蒸馏水中。

（2）0.01mol/L HCl（稀释一倍后 pH 为 2.0~2.5）：取 12mol/l 的浓盐酸 0.11ml 加入到 98.89ml 蒸馏水中混匀。

（3）0.05% 碳酸钠溶液（稀释一倍后 pH 为 8.0~8.5）：称取 50mg 碳酸钠溶于 100ml 蒸馏水中，混匀。

（4）0.1% 酸性蛋白固绿染液：0.2% 固绿染液与 0.01mol/L HCl 1：1 混合，即为 0.1% 酸性固绿染液（pH 2.0~2.5）。

（5）0.1% 碱性蛋白固绿染液：0.2% 固绿染液与 0.05% 碳酸钠溶液 1：1 混合，即为 0.1% 碱性固绿染液（pH 8.0~8.5）。

（6）5% 三氯乙酸液：称取 2.5g 三氯乙酸溶于 50ml 蒸馏水中。

【实验方法和步骤】

1. 制备蟾蜍血涂片：打开蟾蜍胸腔，暴露心脏，剪开心包，用注射器取心脏血，滴一小滴在干净的载玻片一端，取另一载玻片使其一端紧贴血滴，待血液沿其边缘散开后，以 30°~45°角向载玻片的另一端推去，制成薄而均匀的血涂片，室温下晾干。

2. 固定：将晾干的涂片浸于 70% 乙醇溶液中固定 5min，清水冲洗净。

3. 三氯乙酸处理：将已固定的涂片浸于 5% 三氯乙酸，60℃ 处理 30min，清水冲洗（注意：一定要反复洗净，不可在涂片上留下三氯乙酸痕迹，否则酸性蛋白和碱性蛋白的染色不能分明）。

4. 染色和镜检：将显示酸性蛋白的涂片在 0.1% 酸性固绿染液中染 5~10min。流水冲洗。将显示碱性蛋白的涂片在 0.1% 碱性固绿染液中染 30~60min（视染色深浅而定）。流水冲洗后将上述两张涂片镜检观察。

【思考题及作业】

（1）三氯乙酸处理细胞的目的是什么？为什么三氯乙酸冲洗不干净会影响结果？

（2）简述不同 pH 的固绿染液染色区分酸碱蛋白质的原理。

实验 17　细胞中酶类的显示

【实验目的】

（1）掌握酸性磷酸酶、碱性磷酸酶、过氧化物酶显示的原理及方法。

（2）熟悉小鼠骨髓细胞临时装片的制作方法。

（3）观察酸性磷酸酶、碱性磷酸酶、过氧化物酶在细胞中的分布。

【实验原理】

酸性磷酸酶的显示（硝酸铅法）：酸性磷酸酶（acid phosphatase，ACP）主要存在于巨噬细胞,定位于溶酶体内。在溶酶体膜稳定完整时,底物不易渗入,ACP 活力微弱或无活性。经固定,在合适 pH 条件下,膜本身变为不稳定,逐渐改变其渗透性,底物可以渗入,酶活力被显示。此酶在 pH=5 左右发生作用,能分解磷酸酯而释放出磷酸基,PO_4^{3-} 可与铅盐结合形成磷酸铅沉淀,因其是无色的,需再与黄色的硫化铵作用,生成棕黑色 PbS 沉淀而被显示出来。

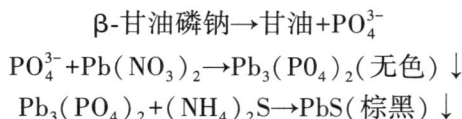

$$\beta\text{-甘油磷钠}\rightarrow\text{甘油}+PO_4^{3-}$$
$$PO_4^{3-}+Pb(NO_3)_2\rightarrow Pb_3(PO_4)_2(\text{无色})\downarrow$$
$$Pb_3(PO_4)_2+(NH_4)_2S\rightarrow PbS(\text{棕黑})\downarrow$$

碱性磷酸酶显示(偶氮偶联法):细胞中碱性磷酸酶在碱性条件下(pH 9.0~9.4),使孵育液中的底物 α-萘酚磷酸钠水解,产生 α-萘酚,后者再与偶氮盐偶联生成不溶性耐晒染料。其最终颜色因所用的偶氮盐种类不同而异。

过氧化物酶显示(联苯胺反应法):过氧化物酶(peroxidase)主要存在于血液、骨髓细胞的粒细胞系,单核细胞的过氧化物酶为弱阳性,其他各型血细胞中过氧化物酶均为阴性。此酶在细胞中定位于过氧化物酶体内。其反应原理为:过氧化物酶能把许多胺类氧化为有色化合物,用联苯胺处理标本,细胞内的过氧化物酶能把联苯胺氧化为蓝色的联苯胺蓝,进而变为棕色产物,因而可以根据颜色反应来判定过氧化物酶的有无或多少。

【实验用品】

1. 材料　小鼠腹腔液涂片、小鼠骨髓涂片、小鼠肾脏。

2. 器材　显微镜、冰冻切片机、恒温水浴锅、注射器、解剖剪、眼科剪、眼科镊、载玻片、盖玻片、染色缸等。

3. 试剂　6%淀粉肉汤、酸性磷酸酶作用液、10%甲醛钙固定液、0.05ml/L 乙酸缓冲液、2%硫化铵液、碱性磷酸酶作用液、2%甲基绿水溶液、甘油明胶、联苯胺混合液和 1% 番红溶液。

4. 主要试剂配制

(1) 6%淀粉肉汤:0.3g 牛肉膏、1.0g 蛋白胨和 0.5g 氯化钠溶于蒸馏水,定容为 100ml,加热后加入可溶性淀粉 6.0g,溶解后高压灭菌,分装,4℃保存。

(2) 酸性磷酸酶作用液(现用现配):称取硝酸铅 25mg,加 0.05mol/L 乙酸缓冲液 22.5ml,搅动使之全部溶解后,再缓慢地滴加3%β-甘油磷酸钠液 2.5ml,边加边搅动防止产生沉淀,总量25ml。

(3) 10%甲醛钙固定液:甲醛 10ml,10%氯化钙 10ml,蒸馏水 80ml。

(4) 2%硫化铵溶液(现用现配):2ml 硫酸铵溶于98ml 蒸馏水。

(5) 碱性磷酸酶作用液:20mg 萘酚 AS-BI 磷酸盐、0.5ml DMSO、50ml 0.2mol/L 巴比妥乙酸缓冲液(pH 9.2)和 0.5ml 六偶氮副品红(六偶氮副品红:副品红 400mg,浓盐酸 2ml,双蒸水 8ml 混合过滤;临用前与等体积 4%亚硝酸钠混合)混合,用 1mol/L NaOH 调 pH 9~10,过滤后使用。

(6) 联苯胺混合液:0.2g 联苯胺溶于 100ml 95%乙醇溶液,过滤后再加入 2 滴 3% H_2O_2,置于棕色瓶中备用。

【实验方法和步骤】

1. 硝酸铅法显示小鼠巨噬细胞中酸性磷酸酶

(1) 巨噬细胞诱导:取小白鼠一只,每日腹腔注射 6%淀粉肉汤 1ml,连续注射三天。

（2）第 3d 注射 3~4h 后,颈椎脱臼处死小鼠,腹腔注射生理盐水 1~2ml,按摩腹部,以便洗脱腹腔壁细胞。

（3）收集巨噬细胞:打开腹部皮肤,暴露腹膜抽取腹腔液。

（4）涂片:将腹腔液滴在预冷的载玻片上,每片 1~2 滴,涂片,将玻片垂直插入玻片架,迅速放到 4℃ 冰箱内,让细胞自行铺展 20min。

（5）固定:将玻片转入 10% 甲醛钙固定液,冰箱内 4℃ 固定 30min。

（6）自来水漂洗 5min,把水甩干。

（7）滴加酸性磷酸酶底物液,37℃ 处理 30min。

（8）自来水漂洗片刻。

（9）2% 硫化铵处理 3~5min(在通风橱中直接滴加)。

（10）自来水冲洗,甩干,镜检。

2. 偶氮偶联法显示小鼠肾细胞中碱性磷酸酶

（1）取小鼠新鲜肾组织进行冰冻切片。

（2）室温下用碱性磷酸酶作用液处理切片 20min 左右。

（3）用蒸馏水漂洗数次。

（4）2% 甲基绿复染细胞核 10min。

（5）蒸馏水漂洗后晾干,用甘油明胶封片。

3. 联苯胺反应法显示小鼠骨髓细胞中过氧化物酶

（1）取骨髓细胞:以颈椎脱位法处死小鼠,迅速剖开其后肢暴露出股骨,将股骨一端斜向剪断,用 PBS 缓冲液湿润过的注射器针头吸出骨髓一滴滴到载玻片上。

（2）涂片:用另一载玻片将骨髓细胞沿一个方向涂布推开,室温晾干。

（3）媒染:在涂片上滴 0.5% 硫酸铜液,以盖满涂片为宜,处理 45s。

（4）取出涂片直接放入联苯胺混合液中反应 6min。

（5）清水冲洗,放入 1% 番红溶液中复染 2min。

（6）镜检:清水冲洗,室温晾干,镜下观察。

【思考题及作业】

（1）简述酸性磷酸酶、碱性磷酸酶、过氧化物酶显示的原理。

（2）绘图示意酸性磷酸酶、碱性磷酸酶、过氧化物酶在细胞中的分布位置。

（3）联苯胺反应法显示小鼠骨髓细胞中过氧化物酶实验中,0.5% 硫酸铜液的作用是什么?

实验 18 细胞中脂类的显示

【实验目的】

（1）熟悉油红 O 脂类染色法的原理及操作步骤。

（2）观察特定细胞中脂类的分布位置。

【实验原理】

油红 O 脂类染色原理:油红 O 属于偶氮染料,是很强的脂溶剂和染脂剂,与甘油三酯结合呈小脂滴状。脂溶性染料能溶于组织和细胞中的脂类,它在脂类中的溶解度比在溶剂中大。当组织切片置入染液时,染料则离开染液而溶于组织内的脂质(如脂滴)中,使组织内的脂滴呈橘红色。

【实验用品】

1. 材料　小鼠肝组织切片。

2. 器材　光学显微镜、手术刀片、载玻片、盖玻片和染色缸等。

3. 试剂　10%甲醛钙固定液、60%异丙醇溶液、油红O、苏木精、70%乙醇溶液、甘油明胶。

4. 主要试剂配制　10%甲醛钙固定液:甲醛 10ml,10%氯化钙 10ml,蒸馏水 80ml。

【实验方法和步骤】

(1) 小鼠肝组织切片(厚 5~10nm)于 10%甲醛钙固定液中固定 10min。

(2) 蒸馏水漂洗片刻后,再用 60%异丙醇溶液浸洗切片。

(3) 油红O液染色 5~15min。

(4) 60%异丙醇溶液洗去多余染液后,蒸馏水漂洗片刻。

(5) 苏木精复染细胞核 2min。

(6) 蒸馏水漂洗至细胞核蓝化,5~10min。

(7) 擦去多余水分,甘油明胶封固。

(8) 镜检:脂类物质显示红色,细胞核显示蓝色。

【思考题及作业】

(1) 简述油红O脂类染色法的原理。

(2) 油红O染色法显示小鼠肝组织中的脂类实验中,60%异丙醇溶液的作用是什么?

实验 19　细胞中糖类的显示

【实验目的】

(1) 熟悉 PAS 法的原理及操作步骤。

(2) 观察特定细胞中糖类的分布位置。

【实验原理】

PAS 反应显示多糖的原理:高碘酸-Schiff 试剂反应简称为 PAS(periodic acid Schiff's reaction)反应,组织内的多糖等均用 PAS 法显示。其原理:高碘酸的氧化作用打开 C—C 键,将 CH_2OH-CH_2OH 氧化为 CHO-CHO。同样,对 CH_2OH-CHO、CH_2OH-COOH 和 CH_2OH-CH_2NH_2 等物质均有氧化作用而释放出醛基,醛基与 Schiff 试剂作用形成紫红色化合物,且颜色深浅与糖类的含量呈正比。

【实验用品】

1. 材料　马铃薯块茎。

2. 器材　光学显微镜、手术刀片、载玻片、盖玻片和染色缸等。

3. 试剂　高碘酸乙醇溶液、70%乙醇溶液、Schiff 试剂、甘油明胶、亚硫酸水溶液。

4. 主要试剂配制

(1) 高碘酸乙醇溶液:0.4g 高碘酸、35ml 95%乙醇溶液、5ml 0.2mol/L 乙酸钠与 10ml 蒸馏水混合,置于棕色瓶中 4℃保存。

(2) Schiff 试剂:将 0.5g 碱性品红加入 100ml 煮沸的蒸馏水中,充分搅拌,必要时可再煮 5min,使之充分溶解;然后冷却至 50℃时过滤到具有玻塞的棕色试剂瓶,加入 10ml 的

1mol/L 的 HCl 溶液,冷却至 25℃时加入 0.5g 偏重亚硫酸钠,在室温黑暗条件下静置 24h,其颜色呈褐色或淡黄色,加活性炭 0.5g 剧烈振荡摇匀 1min;过滤,滤液为无色。置棕色瓶密封,外包黑纸,4℃保存。

(3) 亚硫酸水溶液:在 200ml 自来水中,加入 10ml 10% 的偏亚硫酸钠(或偏亚硫酸钾)溶液,或加入 10ml 30% 的偏重亚硫酸钠溶液,再加入 1mol/L HCl 溶液 10ml 即成,盖紧瓶塞。此液要现配现用。

【实验方法和步骤】

(1) 将马铃薯块茎切成薄片,放入高碘酸溶液中浸泡 10min,用 70% 乙醇溶液固定片刻。

(2) 将薄片浸入 Schiff 试剂中 15min。

(3) 取出薄片放入亚硫酸水溶液中漂洗 3 次,每次 1min。

(4) 蒸馏水冲洗片刻,压片镜检观察。

【思考题及作业】

(1) 简述 PAS 法的原理。

(2) 绘图显示马铃薯切片中多糖的位置。

(3) 影响 PAS 反应染色效果的关键步骤是什么?

第五章 细 胞 分 裂

细胞增殖是生物繁育和生长发育的基础,是生命活动的重要特征之一。细胞增殖最直观的表现是细胞分裂,即由原来的一个亲代细胞变为两个子代细胞,使细胞数量增加。细胞分裂的主要方式有无丝分裂、有丝分裂和减数分裂。本章主要利用标本观察动植物无丝分裂和有丝分裂各期形态特征;介绍动物细胞减数分裂标本的制备方法及观察各期形态特征。

实验 20　细胞无丝分裂与有丝分裂标本观察

【实验目的】

(1) 了解动物细胞无丝分裂的形态特点。

(2) 掌握动植物细胞有丝分裂各期的主要特征和区别点。

【实验原理】

无丝分裂是原核生物增殖的方式,雷马克(Remak)于1841年最早在鸡胚血细胞中也发现此现象,因为此过程没有出现纺锤丝和染色体的变化,故称无丝分裂(amitosis)。其后无丝分裂又在各种动植物中陆续发现,尤其在分裂旺盛的细胞中更多见,但遗传物质是否平均分配及其分裂的机制尚不十分清楚。蛙的红细胞体积较大、数目多,而且有核,是观察无丝分裂的较好材料。

细胞有丝分裂(mitosis)的现象是分别由弗勒明(Flemming,1882)在动物细胞和施特拉斯布格(Strasburger,1880)在植物细胞中发现。有丝分裂过程包括一系列复杂的核变化,染色体和纺锤体的出现,以及它们平均分配到每个子细胞的过程。马蛔虫受精卵细胞中只有6条染色体,而洋葱体细胞的染色体为16条,因为它们都具有染色体数目少的特点,所以便于观察和分析。

【实验用品】

1. 材料　蛙血涂片、马蛔虫子宫切片、洋葱根尖纵切片。

2. 器材　光学显微镜、擦镜纸。

【实验方法和步骤】

1. 动物细胞无丝分裂标本观察　取蛙血涂片标本于低倍镜下观察,找到蛙血细胞,再转换高倍镜观察无丝分裂过程不同阶段的特征。

在高倍镜下,可见到处于分裂过程不同阶段的蛙血红细胞,核仁先行分裂,向核的两端移动,细胞核伸长呈杆状;然后,在核的中部从一面或两面向内凹陷,使核成肾形或哑铃形改变;最后,从细胞中部直接收缩成两个相似的子细胞;子细胞较成熟的红细胞小。

2. 细胞有丝分裂标本观察

(1) 动物细胞有丝分裂的标本观察:取马蛔虫的子宫切片标本,先在低倍镜下观察,可见马蛔虫子宫腔内有许多处于不同发育阶段的椭圆形受精卵细胞。每个卵细胞都包在卵壳之中,卵壳与卵细胞之间的腔,叫卵壳腔。细胞膜的外面或卵壳的内面可见有极体附着。寻找和观察处于分裂间期和有丝分裂不同时期的细胞形态变化,并转换高倍镜仔细观察其分裂期的形态特征(图 1-6)。

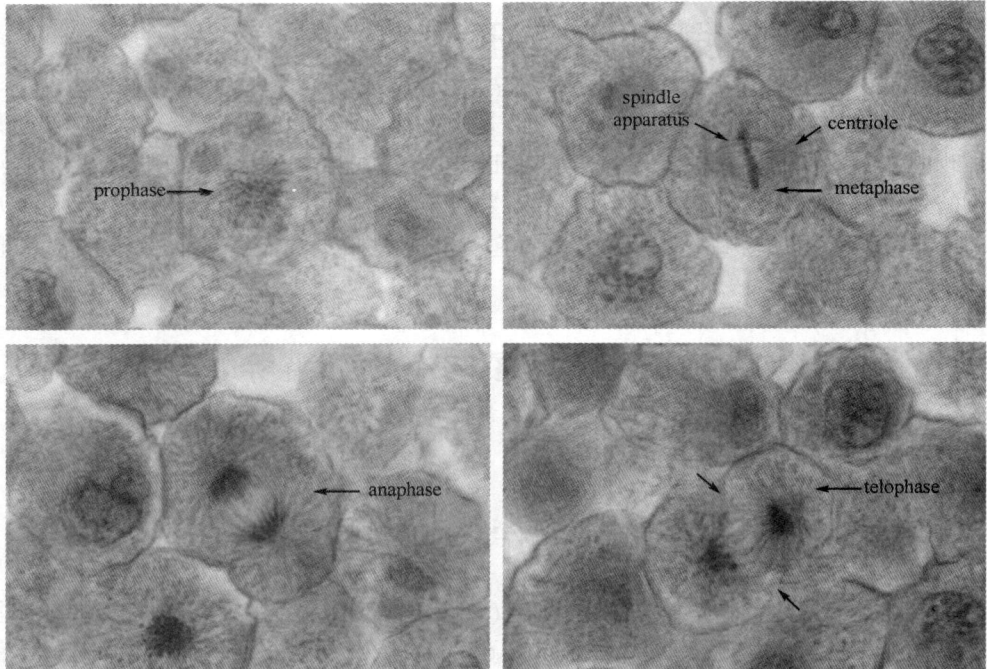

图 1-6　马蛔虫受精卵有丝分裂过程

间期(interphase):细胞质内有两个近圆形的细胞核,一为雌原核,另一为雄原核。两个原核形态相似不易分辨,核内染色质分布比较均匀,核膜、核仁清楚,细胞核附近可见中心粒存在。

分裂期(mitosis)

1)前期(prophase):雌、雄原核相互趋近,染色质逐渐浓缩变粗、核仁消失,最后核膜破裂、染色体相互混合,两个中心粒分别向细胞两极移动,纺锤体开始形成。

2)中期(metaphase):染色体聚集排列在细胞的中央形成赤道板,由于细胞切面不同,此期有侧面观和极面观的两种不同现象,侧面观时,染色体排列在细胞中央,两极各有一个中心体,中心体之间的纺锤丝与染色体着丝点相连;极面观时,由于染色体平排于赤道面上,六条染色体清晰可数,此时的染色体已纵裂为二,但尚未分离。

3)后期(anaphase):纺锤丝变短,纵裂后的染色体被分离为两组,分别移向细胞两极,细胞膜开始凹陷。

4)末期(telophase):移向两极的染色体恢复染色质状态,核膜、核仁重新出现,最后细胞膜横缢,两个子细胞形成。

(2)植物细胞有丝分裂的标本观察:将洋葱根尖切片标本先在低倍镜下观察,寻找生长区,这部分的细胞分裂旺盛,大多处于分裂状态,细胞形状呈方形。转换高倍镜仔细观察不同分裂时期的细胞形态特征(图 1-7),并与动物细胞有丝分裂特征比较,找出植物细胞有丝分裂的特点和两者的区别。

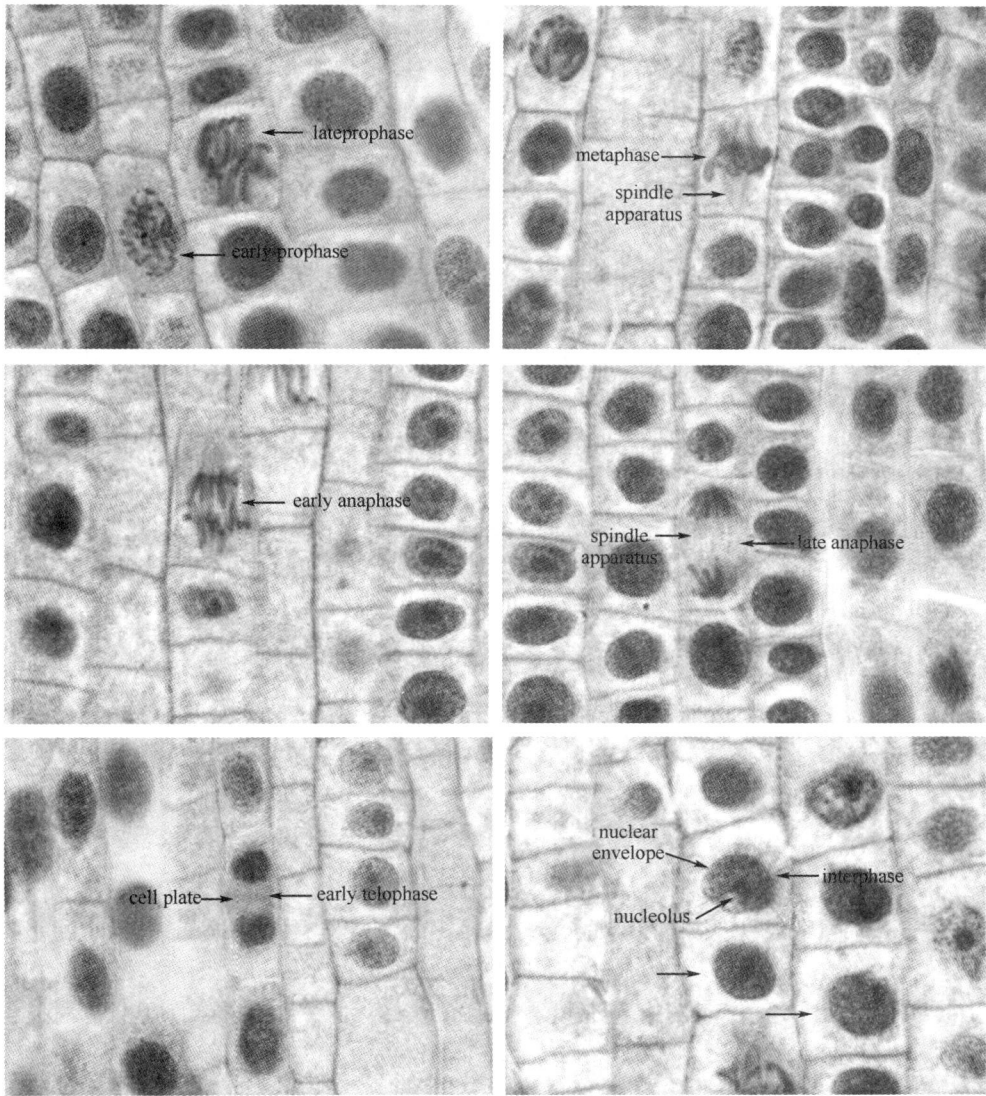

图 1-7 洋葱根尖细胞有丝分裂过程

1）前期：早前期核膨大，核内染色质呈细丝盘绕呈网状。随着分裂的进行，染色质逐渐变粗变短，到晚前期，染色质凝聚成染色体，核仁解体，核膜消失，纺锤体形成。

2）中期：染色体形态、数目清楚（$2n = 16$），染色体达到最大程度的凝集，排列在细胞中央赤道板上，有丝分裂器完全形成。

3）后期：每条染色体的着丝粒纵裂，使两条染色单体分开并在纺锤丝的牵拉下移向细胞两极。

4）末期：染色体到达细胞两极，开始解螺旋去凝集，逐渐伸长变细，恢复为染色质状态。核仁、核膜重新出现，形成两个新的细胞核，在细胞板处分裂形成两个新生子代细胞。

【思考题及作业】

（1）比较动植物细胞有丝分裂的异同。

（2）绘制马蛔虫受精卵有丝分裂各期的简图并注明结构名称。

（3）绘制洋葱根尖细胞有丝分裂各期的简图并注明结构名称。

实验 21　减数分裂标本的制备与观察

【实验目的】

（1）掌握动物细胞减数分裂各期的主要特征。

（2）熟悉动物细胞减数分裂及其有丝分裂的主要区别点。

【实验原理】

减数分裂（meiosis）是配子发生过程中的一种特殊有丝分裂，即染色体复制一次，而细胞连续分裂两次，结果使染色体数目减半的过程。减数分裂过程中体现了遗传三大定律，所以说减数分裂在稳定物种的遗传性状和繁殖中均起着重要作用，是生物遗传与变异的细胞学基础。

蝗虫精巢取材方便，标本制备方法简单，染色体数目较少，例如，蝗虫初级精母细胞染色体数 $2n=22+X$，经过减数分裂形成四个精细胞，每个精细胞的染色体数为 $n=11+X$ 或 $n=11$（注：蝗虫的性别决定与人类不同，雌性有两条 X 染色体、雄性为 XO，即只有一条 X 染色体，没有 Y 染色体），一般多采用它来研究观察减数分裂染色体形态变化。

【实验用品】

1. 材料　蝗虫。

2. 器材　光学显微镜、冰箱、擦镜纸、解剖针、眼科镊子、载玻片、盖玻片、吸水纸、培养皿等。

3. 试剂　Carnoy 固定液、70%乙醇溶液、0.5%乙酸洋红染液、45%乙酸、二甲苯。

4. 主要试剂配制

（1）Carnoy 固定液：将甲醇和冰乙酸按照 3：1 比例配制，每次使用前需临时配制。

（2）0.5%乙酸洋红染液：将 90ml 乙酸加入 110ml 蒸馏水煮沸，然后将火焰移去，立即加入 1g 洋红，使之迅速冷却过滤，加饱和氢氧化铁（媒染剂）水溶液数滴，直到呈葡萄酒色。室温保存。加铁使洋红沉淀于组织而着色。此染液室温存放时间越长效果越好，室温保存。

【实验方法与步骤】

1. 采集　采集到各期分裂象的标本是实验成功的关键，解决这一关键要把握两点：

（1）时间：一般在 8 月 15～25 日为宜。

（2）虫体特征：雄虫翅膀长到刚好盖住腹部一半时，正好是雄虫精子发生的峰季，采集最适。在公园、田埂、河边、路旁的草丛中均可采到。

2. 取材　将采到的雄虫，用大头针固定在木板或纸盒上，沿腹部背中线剪开体壁，见消化管背侧的浅黄色结构即是精巢，用镊子分离出来。

3. 固定　把取出的精巢立即放入 Carnoy 固定液中，固定 1h，此期间用大头针小心分离精细管，加速固定，促进脂肪溶解。固定后移入 70%乙醇溶液中存放于 4℃冰箱备用。

4. 染色　取固定好的精细管 2～3 条，置于干净载玻片中央，用 45%乙酸处理 5min，用吸水纸吸干后，加 1～2 滴乙酸洋红染色 15min。

5. 压片　在染色材料上盖上盖玻片，再在盖玻片上放一块吸水纸，用大拇指垂直在盖玻片上适力下压（压片时不要滑动盖片）使精细管破裂细胞平展开，吸去溢出的染液，即可观察。

6. 观察 在光学显微镜下先用低倍镜寻找蝗虫精子发生过程中处于减数分裂各期的细胞,再转换高倍镜仔细观察(图 1-8)。

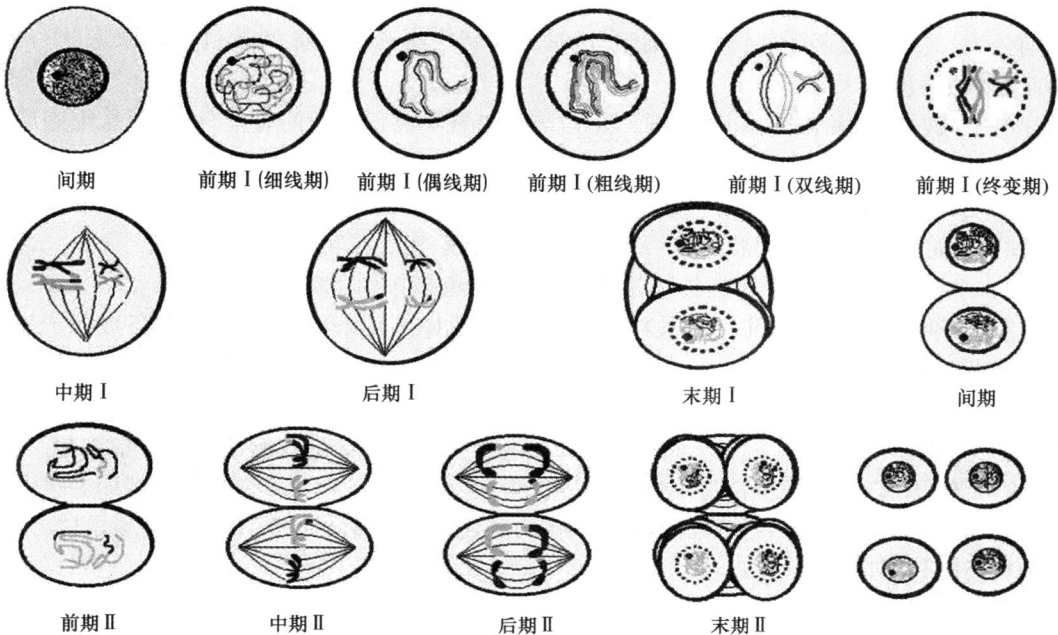

图 1-8 蝗虫精子减数分裂过程模式图

蝗虫精巢是由多条圆柱形的精细管组成,每条精细管由于生殖细胞发育阶段的差别可分成若干区,良好压片可见到从游离的顶端起始依次为精原细胞、精母细胞、精细胞及精子等各发育阶段的区域。

(1) 精原细胞(spermatogonia):位于精细管的游离端,胞体较小,由有丝分裂来增殖,其染色体较粗短、染色较浓。

(2) 减数分裂 I(meiotic division I):是从初级精母细胞到次级精母细胞的一次分裂。

1) 前期 I(prophase I):在减数分裂中,以前期 I 最有特征性、核的变化复杂,依染色体变化,又可分为下列各期:

a. 细线期(leptotene stage):染色体呈细长的丝,称为染色线。弯曲绕成一团,排列无规则,染色线上有大小不一的染色粒,形似念珠,核仁清楚。

b. 偶线期(zygotene stage):同源染色体开始配对,同时出现极化现象,各以一端聚集于细胞核的一侧,另一端则散开,形成花束状。

c. 粗线期(pachytene stage):每对同源染色体联会完成,缩短成较粗的线状,称为双价染色体,因其由四条染色单体组成,又叫四分体。

d. 双线期(diplotene stage):染色体缩的更短些,同源染色体开始有彼此分开的趋势,但因两者相互绞缠,有多点交叉,所以这时的染色体呈现麻花状。

e. 终变期(diakinesis):染色体更为粗短,形成 Y、V、O 等形状,终变期末核膜、核仁消失。

2) 中期 I(metaphase I):核膜和核仁消失,纺锤体形成,双价染色体排列于赤道面,着丝点与纺锤丝相连。这时的染色体组居细胞中央,侧面观呈板状,极面观呈空心花状。

3)后期Ⅰ(anaphase Ⅰ):由于纺锤丝的解聚变短,同源的两条染色体彼此分开,分别向两极移动。但每条染色体的着丝粒尚未分裂,故两条姐妹染色单体仍连在一起同去一极。

4)末期Ⅰ(telophase Ⅰ):移动到两极的染色体,呈聚合状态,并解旋,同时核膜形成,胞质也均分为二,即形成两个次级精母细胞,这时每个新核所含染色体的数目只是原来的一半。到此减数分裂Ⅰ结束。

(3)减数分裂Ⅱ(meiotic divisison Ⅱ):减数分裂Ⅱ类似一般的有丝分裂,但从细胞形态上看,可见胞体明显变小,染色体数目少。

1)前期Ⅱ(prophase Ⅱ):末期Ⅰ的细胞进入前期Ⅱ状态,每条染色体的两个单体显示分开的趋势,染色体像花瓣状排列,使前期Ⅱ的细胞呈实心花状。

2)中期Ⅱ(metaphase Ⅱ):纺锤体再次出现,染色体排列于赤道面。

3)后期Ⅱ(mnaphase Ⅱ):着丝粒纵裂,每条染色体的两条单体彼此分离,各成一子染色体,分别移向两极。

4)末期Ⅱ(telophase Ⅱ):移到两极的染色体分别组成新核,新细胞的核具单倍数(n)的染色体组,胞质再次分裂,这样,通过减数分裂每个初级精母细胞就形成了四个精细胞。

(4)精子形成:在两次精母细胞分裂过程中,各种细胞器,如线粒体、高尔基体等也大致平均地分到四个精细胞中,精细胞经一系列的分化成熟为精子。镜下精子头部呈梭形,由细胞核及顶体共同组成,尾部细长呈线状。

【思考题及作业】

(1)绘制高倍镜下细胞减数分裂各时期细胞图像并注明结构名称。

(2)总结有丝分裂与减数分裂过程的异同点。

第二篇　综合性实验

实验 22　组织切片的制作及染色

【实验目的】

（1）熟悉石蜡切片和冰冻切片的制作过程。

（2）掌握 HE 染色的方法。

【实验原理】

石蜡切片（paraffin section）和冰冻切片（frozen section）是组织学常规制片技术中最为广泛应用的方法，可用于观察正常和病理细胞组织形态变化。活的细胞或组织多为无色透明，各种组织间和细胞内各种结构之间均缺乏反差，在一般光镜下不易清楚区别出；组织离开机体后很快就会死亡和产生组织腐败，失去原有正常结构，因此，组织要经固定、石蜡包埋、切片及染色等步骤以免细胞组织死亡，而能清晰辨认其形态结构。

苏木精与伊红对比染色法（hematoxylin-eosinstaining，简称 HE 染法）是组织切片最常用的染色方法。这种方法适用范围广泛，对组织细胞的各种成分都可着色，便于全面观察组织构造，而且适用于各种固定液固定的材料，染色后不易褪色可长期保存。经过 HE 染色，细胞核被苏木精染成蓝紫色，细胞质被伊红染成粉红色。

【实验用品】

1. 材料　小鼠。

2. 器材　组织包埋机、石蜡切片机、冰冻切片机、水浴锅等。

3. 试剂　4%多聚甲醛、70%乙醇溶液、80%乙醇溶液、90%乙醇溶液、二甲苯、石蜡、中性树胶、苏木精染液、1%伊红乙醇溶液、1%盐酸乙醇溶液、甘油蛋白粘片剂。

【实验方法和步骤】

1. 石蜡切片的制作

（1）取材：颈椎脱臼法处死小鼠，打开腹腔，剪取肝组织（或其他组织）。切取的组织块不宜太大，以利于固定剂穿透，通常以 5mm×5mm×2mm 或 10mm×10mm×2mm 为宜。

（2）固定：将切好的肝组织用生理盐水洗一下，立即投入 4%多聚甲醛固定液中固定，固定 30~50min。

（3）洗涤：材料经固定后，流水冲洗，数小时或过夜。

（4）脱水：材料依次经 70%、80%、90%乙醇溶液脱水，各 30min，再放入 95%、100%乙醇各 2 次，每次 20min。

（5）透明：无水乙醇、二甲苯等量混合液 15min，二甲苯Ⅰ 15min、二甲苯Ⅱ 15min（至透明为止）。

（6）透蜡：放入石蜡Ⅰ、石蜡Ⅱ透蜡各 50~60min。

（7）包埋：包埋时，用镊子夹取石蜡模子（金属质地）在酒精灯上稍加热，放在平的桌面上，从温箱中取出盛放纯石蜡的蜡杯，倒入少许石蜡。再将镊子在酒精灯上稍加热，夹取材料将切面朝下放入蜡模中，排列整齐。再放上包埋盒，轻轻倒入熔蜡。

（8）切片

1）将已固定和修好的石蜡块装在切片机的夹物台上。

2）将切片刀固定在刀夹上,刀口向上。

3）摇动推动螺旋,使石蜡块与刀口贴近,但不可超过刀口。

4）调整石蜡块与刀口之间的角度与位置,刀片与石蜡切片约成15°角。

5）调整厚度调节器到所需的切片厚度,一般为$4 \sim 10 \mu m$。

6）一切调整好后可以开始切片。此时右手摇动转轮,让蜡块切成蜡带,左手持毛笔将蜡带提起,摇转速度不可太急,通常以$40 \sim 50 r/min$。

7）切成的蜡带到$20 \sim 30 cm$长时,右手用另一支毛笔轻轻将蜡带挑起,以免卷曲,并牵引成带,平放在蜡带盒上,靠刀面的一面较光滑,朝下,较皱的一面朝上。

8）用单面刀片切取蜡片一小段,放在载玻片上加水一滴,置于放大镜或显微镜下观察切片是否良好。

9）切片工作结束后,应将切片刀取下用氯仿擦去刀上沾着的石蜡,把切片机擦拭干净妥为保存。

（9）展片、贴片

打开水浴锅,使水温维持在$40 \sim 45 ℃$,另准备30%乙醇溶液。

1）切片时,将一碗30%乙醇溶液放于切片机旁的桌面上。

2）用小镊子夹取预先用刀片割开的蜡带,放在乙醇溶液的水面上,使切片展开。

3）小镊子轻轻地将连在一起的切片分开,用一个载玻片将切片完整,已展开的切片捞至温水中,使之充分展开。

4）另取洁净的载玻片,捞起展开的切片,使其位于切片1/3处,另一端(磨边,粗糙的一端)磨面上标记或贴上标签,放于切片架上。

2. 冰冻切片的制作

（1）取材,同石蜡切片。

（2）取出组织持承器,放平摆好组织,周边滴上包埋剂,速放于冷冻台上,冰冻。小组织的应先取一持承器,滴上包埋剂让其冷冻,形成一个小台后,再放上细小组织,滴上包埋剂。

（3）将冷冻好的组织块,夹紧于切片机持承器上,启动粗进退键,转动旋钮,将组织修平。

（4）调好欲切的厚度,根据不同的组织而定,原则上是细胞密集的薄切,纤维多细胞稀的可稍为厚切,一般在$5 \sim 10 \mu m$。

（5）调好防卷板。制作冰冻切片,关键在于防卷板的调节上,这就要求操作者要细心,准确地将其调校至适当的位置。切片时,切出的切片能在第一时间顺利地通过刀防卷板间的通道,平整地躺在持刀器的铁板上。这时便可掀起防卷板,取一载玻片,将其附贴上即可。

（6）应视不同的组织选择不同的冷冻度。冷冻箱中冷冻度的高低,主要根据不同的组织而定,不能一概而论。如:切未经固定的脑组织,肝组织和淋巴结时,冷冻箱中的温度不能调太低,在$-10 \sim -15 ℃$,切甲状腺、脾、肾、肌肉等组织时,可调在$-15 \sim -20 ℃$,切带脂肪的组织时,应调至$-25 ℃$左右,切含大量脂肪的组织时,应调至$-30 ℃$。

3. HE染色

（1）脱蜡复水:将水浴锅温度调至60℃,待水温控制在60℃时,将切片连同切片架放入一干燥的染色缸内,放入水浴锅中,盖上盖子(可密封),30min至蜡熔化。之后,石蜡切片经二甲苯Ⅰ、二甲苯Ⅱ脱蜡各 5min,然后放入 100%、95%、90%、80%、70% 乙醇溶液中各 3～5min,再放入蒸馏水中 3min。

（2）染色:切片放入苏木精中染色 10～30min。

（3）水洗:用自来水流水冲洗约 15min。使切片颜色变蓝(或放入碱性水中也可),但要注意流水不能过大,以防切片脱落。

（4）分化:将切片放入 1% 盐酸乙醇液中褪色,2～10s。见切片变红,颜色较浅即可。

（5）漂洗:切片再放入自来水流水中使其恢复蓝色。

（6）脱水Ⅰ:切片入 50% 乙醇溶液、70% 乙醇溶液、80% 乙醇溶液,依次梯度脱水各 3～5min。

（7）复染:用 0.5% 伊红乙醇液对比染色 1～3min。

（8）脱水Ⅱ:将切片放入 95% 乙醇溶液中洗去多余的红色,然后放入无水乙醇中 3～5min。最后用吸水纸吸干多余的乙醇溶液。

（9）透明:切片放入二甲苯Ⅰ、二甲苯Ⅱ中各 3～5min。

（10）封片:中性树胶封存。

（11）观察:细胞核被苏木精染成蓝色,细胞质被伊红染成粉红色。

【思考题及作业】

（1）石蜡切片和冰冻切片的制作有什么区别?

（2）简述 HE 染色的用途。

实验 23　细胞核与线粒体的分离分级

【实验目的】

（1）掌握差速离心法分离细胞器的原理。

（2）掌握离心机和匀浆器的使用方法。

【实验原理】

细胞内不同结构的密度和大小都不相同,在同一离心场内的沉降速度也不相同,根据这一原理,常用不同转速的离心法,将细胞内各种组分分级分离出来。

分离细胞器最常用的方法是将组织制成匀浆,在均匀的悬浮介质中用差速离心法进行分离,其过程包括组织细胞匀浆、分级分离和分析三步,这种方法已成为研究亚细胞成分的化学组成、理化特性及其功能的主要手段。

低温条件下,将组织放在匀浆器中,加入等渗匀浆介质(即 0.25mol/L 蔗糖–0.003mol/L 氯化钙)进行破碎细胞使之成为各种细胞器及其包含物的匀浆。

由低速到高速离心逐渐沉降。先用低速使较大的颗粒沉淀,再用较高的转速,将浮在上清液中的颗粒沉淀下来,从而使各种细胞结构,如细胞核、线粒体等得以分离。由于样品中各种大小和密度不同的颗粒在离心开始时均匀分布在整个离心管中,所以每级离心得到的第一次沉淀必然不是纯的最重的颗粒,须经反复悬浮和离心加以纯化。

分析分级分离得到的组分,可用细胞化学和生化方法进行形态和功能鉴定。

【实验用品】

1. 材料　小白鼠、冰块。

2. 器材　玻璃匀浆器、普通离心机、台式高速离心机、普通天平、光学显微镜、载玻片、盖玻片、刻度离心管、高速离心管、滴管、10ml 量筒、25ml 烧杯、玻璃漏斗、解剖剪、镊子、吸水纸、纱布、平皿等。

3. 试剂　0.25mol/L 蔗糖-0.003mol/L 氯化钙溶液、1% 甲苯胺蓝染液、0.02% 詹纳斯绿 B 染液、0.9%NaCl 溶液。

4. 主要试剂配制　0.25mol/L 蔗糖-0.003mol/L 氯化钙溶液:称取蔗糖 85.5g,氯化钙 0.33g 溶于烧杯,加蒸馏水定容至 1L。

【实验方法和步骤】

1. 细胞核的分离提取

(1) 用颈椎脱位的方法处死小白鼠后,迅速剖开腹部取出肝脏,剪成小块(去除结缔组织)尽快置于盛有 0.9%NaCl 的烧杯中,反复洗涤,尽量除去血污,用滤纸吸去表面的液体。

(2) 将湿重约 1g 的肝组织放在小平皿中,用量筒量取 8ml 预冷的 0.25mol/L 蔗糖-0.003mol/L 氯化钙溶液,先加少量该溶液于平皿中,尽量剪碎肝组织后,再全部加入。

(3) 剪碎的肝组织倒入匀浆管中,使匀浆器下端浸入盛有冰块的器皿中,左手持之,右手将匀浆捣杆垂直插入管中,上下转动研磨 3~5 次,用 3 层纱布过滤匀浆液于离心管中。

(4) 将装有滤液的离心管配平后,放入离心机,以 2500r/min,4℃离心 15min;缓缓取上清液,移入高速离心管中,保存于有冰块的烧杯中,余下的沉淀物进行下一步骤。

(5) 用 6ml 0.25mol/L 蔗糖-0.003mol/L 氯化钙溶液悬浮沉淀物,以 2500r/min 离心 15min 弃上清液,将残留液体用吸管吹打成悬液,滴一滴于干净的载玻片上,自然干燥。

(6) 将涂片用 1% 甲苯胺蓝染色后盖片即可观察。分离出的细胞核参见彩图 4。

2. 高速离心分离提取线粒体

(1) 将装有上清液的高速离心管,从装有冰块的烧杯中取出,配平后,以 17 000r/min 离心 20min,弃上清液,留取沉淀物。

(2) 加入 0.25mol/L 蔗糖-0.003mol/L 氯化钙液 1ml,用吸管吹打成悬液,以 17 000r/min 离心 20min,将上清吸入另一试管中,留取沉淀物,加入 0.1ml 0.25mol/L 蔗糖-0.003mol/L 氯化钙溶液混匀成悬液。

(3) 取上清液和沉淀物悬液,分别滴一滴于干净载玻片上,各滴一滴 0.02% 詹纳斯绿 B 染液盖上盖玻片染 20min。

(4) 油镜下观察。分离出的线粒体参见彩图 5。

【思考题及作业】

(1) 组织匀浆时有哪些注意事项?

(2) 差速离心与密度梯度离心方法有什么不同? 各有什么优点?

(3) 简要说明分级分离细胞的原理及意义。

实验 24　小鼠骨髓染色体的制备

【实验目的】

(1) 掌握动物骨髓细胞染色体制备技术。

(2) 学习动物细胞的滴片方法。

(3) 观察小鼠染色体的形态特征和染色体数目。

【实验原理】

小鼠骨髓细胞有高度的分裂活性,并且数量非常多,因此不必进行体外培养,可直接观察到分裂期细胞。处于分裂期的细胞经秋水仙素处理,阻断纺锤丝的形成,使细胞分裂停止于中期,此时染色体达到最大浓集,具有典型的形态。低渗处理使细胞破裂,便于染色体分散。该方法在临床上多用于白血病的研究,也可用于观察毒性物质对机体遗传物质——染色体损伤的状况。

小鼠染色体 $2n=40$,均为端着丝粒染色体,雄性为 40,XY,雌性为 40,XX。

【实验用品】

1. 材料 小鼠。

2. 器材 光学显微镜、恒温水浴锅、低速离心机、电子天平、搪瓷解剖盘、剪刀、镊子、注射器、针头、试管、试管架、滴管及载玻片。

3. 试剂 2%枸橼酸钠溶液、固定液(甲醇∶冰乙酸=3∶1)、pH 7.2 磷酸缓冲液、Giemsa 染液原液、秋水仙素(0.1mg/ml)、0.075mol/L KCl 溶液。

4. 主要试剂配制

(1)2%枸橼酸钠溶液:称取 10g 枸橼酸钠,加入 400ml 蒸馏水使其溶解,定容至 500ml,经高压蒸汽灭菌 15min 后在室温保存。

(2)Giemsa 染液:Giemsa 粉 1g,分析纯甘油 33ml,分析纯甲醇 33ml。配制方法:将 1g Giemsa 粉放入研钵中,加少许甘油,在研钵中研磨,直至无颗粒为止。然后将剩余甘油导入,在 60~65℃温箱中保温 2h(持续搅拌)后,加入甲醇搅拌均匀,过滤后保存于棕色瓶中。在制成后的一周内,每天摇一摇 Giemsa 原液。一般 2 周后使用为好,可长期保存。工作液:临用时将储备液与 pH 7.2 磷酸缓冲液按照 1∶20 混合。

(3)0.1mg/ml 秋水仙素溶液:戴上手套称取 1mg 秋水仙素于无菌小瓶中,加入无菌 8.5g/L NaCl 溶液 10ml,待完全溶解后,经过滤除菌分装后避光保存于 4℃冰箱中。注意:秋水仙素有一定毒性,配制时需戴手套操作。

【实验方法和步骤】

(1)秋水仙素处理:取骨髓前 3h 先给小鼠腹腔注入秋水仙素,注射剂量为 100μg/kg 动物体重。

(2)取骨髓:用损伤脊髓法处死小鼠,然后用剪刀剪开大腿上的皮肤和肌肉,取出大腿骨,用一小块纱布搓干净附在骨上的肌肉碎渣。剪掉股骨两端膨大的关节头,然后用注射器吸取 5ml 2%枸橼酸钠溶液,插入股骨一端,将骨髓细胞冲洗至 10ml 的离心管中。可重复冲洗多次,直至骨髓腔呈白色为止。

(3)低渗处理:将所获得的细胞悬浮液以 1000rpm 离心 10min,吸去上清液,留 0.2ml 沉淀物,加 0.075mol/L KCl 溶液(37℃)至 8ml 刻度,将细胞沉淀物吹散打匀,在 37℃水浴低渗 25min。

(4)固定:低渗处理后,立即加入 1ml 新配制且预冷的固定液,抽打均匀,然后 1000rpm 离心 10min,弃上清。沿管壁加固定液至 6ml,吹散细胞后静止固定 10min,即第一次固定。按上述条件离心,去上清液,再次加入固定液至 6ml,进行第二次固定。10min 后离心吸去上清液,留 0.2ml 沉淀物,再往沉淀物中滴加 4 滴固定液,冲匀制成细胞悬液。

(5)滴片:取事先在冰箱中预冷的载玻片,从约 15cm 高处向每个载玻片上滴 1~2 滴细胞悬液于粘有冰水的载玻片上,晾干。

(6)染色:将载玻片放在支架上,用吸管吸取 Giemsa 工作液滴在玻片标本上,染色 20min,流水冲洗后晾干。

（7）观察：在光学显微镜下观察和分析。

（8）结果分析：在低倍镜下观察，可见大量骨髓细胞中期染色体。因在制片时细胞膜已破裂，故大部分细胞见不到细胞质。高倍镜或油镜下观察：小鼠染色体共20对，都为端着丝粒染色体，形态呈"U"形。其中19对为常染色体，1对为性染色体，雄性为XY，雌性为XX，Y染色体最小且没有副缢痕。

【思考题及作业】

（1）制备小鼠骨髓细胞染色体标本时，为什么要进行预固定？

（2）秋水仙素的作用是什么？

（3）绘制小鼠骨髓中期分裂象染色体图。

实验 25　细胞原代培养与细胞鉴定

【实验目的】

（1）了解培养细胞类型及形态特点。

（2）掌握哺乳动物细胞的原代培养的基本操作过程。

【实验原理】

从机体获取组织和细胞在体外进行的培养称原代培养，也叫初代培养。原代培养的方法很多，最基本最常用的有两种，即组织块法和酶消化法。它们的基本过程都包括取材、培养材料的制备、接种、加入培养液、培养等。

酶消化法：在无菌操作的条件下，把组织（或器官）从动物体内取出，经胰酶消化处理，使其分散成单个细胞，然后在人工条件下培养，使其不断地生长繁殖。

原代培养细胞离体时间短，性状与体内相似，适用于研究。一般说来，幼稚状态的组织和细胞，如：动物的胚胎、幼仔的脏器等更容易进行原代培养。

人和动物体内的细胞有着复杂的形态结构和功能，当它们离体后在体外培养时，由于脱离了体内特定的环境，形态上往往表现单一化，而且供体年龄越幼稚，这种现象越明显，并能反映其胚层来源。体外培养细胞大致可以分为上皮细胞型、成纤维细胞型、游走型和多形型四种类型。

【实验用品】

1. 材料　3周龄乳鼠。

2. 器材　超净工作台、二氧化碳培养箱、离心机、倒置显微镜、水浴箱、解剖剪、解剖镊、培养皿、平皿、培养瓶、吸管、离心管（灭菌后备用）、酒精灯、烧杯、微量加样器、吸管、移液管、橡皮吸头、酒精棉球、试管架、滤器等。

3. 试剂　含有10%小牛血清的MEM（或1640培养液）培养液、0.01mol/L PBS、0.25%胰蛋白酶-0.02%EDTA混合消化液、75%乙醇溶液。

4. 主要试剂配制

（1）0.01mol/L PBS（磷酸盐缓冲液 phosphate buffer saline，PBS）pH 7.2。

0.2mol/L 磷酸氢二钠液（甲液）：35.814g $Na_2HPO_4 \cdot 12H_2O$ 加双蒸水至500ml

0.2mol/L 磷酸二氢钠液（乙液）：15.601g $NaH_2PO_4 \cdot 12H_2O$ 加双蒸水至500ml

取甲液36ml，乙液14ml和NaCl 8.2g，加双蒸水至1000ml。混匀待完全溶解分装，经高压灭菌后保存于4℃冰箱备用。

（2）MEM 培养液（含 10% 小牛血清）：9.4g MEM 培养液，1000ml 双蒸水，1.5g NaHCO$_3$,0.292g 谷氨酰胺（L-glutamin），56℃灭活 30min 的小牛血清 110ml。

MEM 粉末加水溶解后，用 NaHCO$_3$ 调 pH 到 7.1（因在抽滤过程中 pH 升高 0.2~0.3），然后加灭活的小牛血清和谷氨酰胺，待完全溶解后，立即抽滤除菌，分装，置 4℃冰箱保存备用。

（3）0.25% 胰蛋白酶-0.02% EDTA 混合消化液：0.25g 胰蛋白酶（Trypsin）粉，20.0mg EDTA 粉，100ml 0.01mol/L PBS。

先用少量 PBS 溶解胰蛋白酶，然后将 EDTA 粉末和剩下的液体加入混合，置 37℃水浴中 1h 左右（待彻底溶解，液体呈透明为止），抽滤，分装置 4℃冰箱中保存。

（4）1640 培养液（含 10%小牛血清）：10.39g RPMI1640 粉，加双蒸水至 1000ml。

通入适量的 CO$_2$ 气体，边通入 CO$_2$ 边慢慢搅拌，使其（呈透明）完全溶解。用 NaHCO$_3$ 1.5g 调 pH 到 7.2。

10ml 双抗 1 万 U/ml，110ml 灭活小牛血清。

混匀上述液体，立即抽滤除菌分装，置 4℃冰箱备用。

（5）青霉素、链霉素溶液：将青霉素钠盐、链霉素溶于 200ml 0.9% 的无菌生理盐水，分装小瓶，-20℃保存。双抗在培养基中的终浓度为各 100U 为宜。

【实验方法和步骤】

1. 细胞的原代培养

（1）取材：用颈椎脱位法处死乳鼠。然后，把整个动物浸入盛有 75% 乙醇溶液的烧杯中数秒钟消毒，取出后放在大平皿中携入超净台。用消过毒的剪刀剪开用碘酒和乙醇溶液两次消毒后的皮肤，剖腹取出肝脏或肾脏。置于无菌平皿中。

（2）切割：用灭菌的 PBS 液将取出的脏器清洗三次，然后用眼科手术剪刀仔细将组织反复剪碎，直到成 1mm^3 左右的小块，再用 PBS 清洗，洗到组织块发白为止。移入无菌离心管中，静置数分钟，使组织块自然沉淀到管底，弃去上清。

（3）消化、接种培养：吸取 0.25% 胰蛋白酶-0.02% EDTA 混合消化液 1ml，加入离心管中，与组织块混匀后，加上管口塞子，37℃水浴中消化 8~15min，每隔几分钟摇动一下试管，使组织与消化液充分接触，静止，吸去上清，向离心管中加入 5~10ml 含 10% 小牛血清的 MEM 培养基，用吸管吹打混匀，移入两个培养瓶中，置于二氧化碳培养箱中培养。

细胞接种后 2~4h 内就能贴壁，并开始生长，如接种的细胞密度适宜，5~7d 可形成单层。

2. 培养细胞的形态分类　体外培养细胞根据它们是否贴附在支持物上生长的特性，可分为贴附型和悬浮型两大类。

（1）贴附型：这类细胞在培养时能贴附在支持物表面生长，大多数培养细胞呈贴附型生长，只依赖于贴附才能生长的细胞称贴附型细胞。当细胞贴附在支持物上之后，它们在体内时原有的特征，细胞分化现象常变得不显著，在形态上常出现单一化的现象，并常反映其胚层来源，呈现类似"返祖现象"，如来源于内外胚层的细胞多呈上皮细胞型，来自中胚层的细胞则多呈纤维细胞型，这种现象又与供体的年龄又密切关系，原供体越幼稚则"返祖"越明显，与细胞分化有关。因此在判定培养细胞形态时，很难再按体内细胞标准确定，仅能大致作如下分类（图 2-1）。

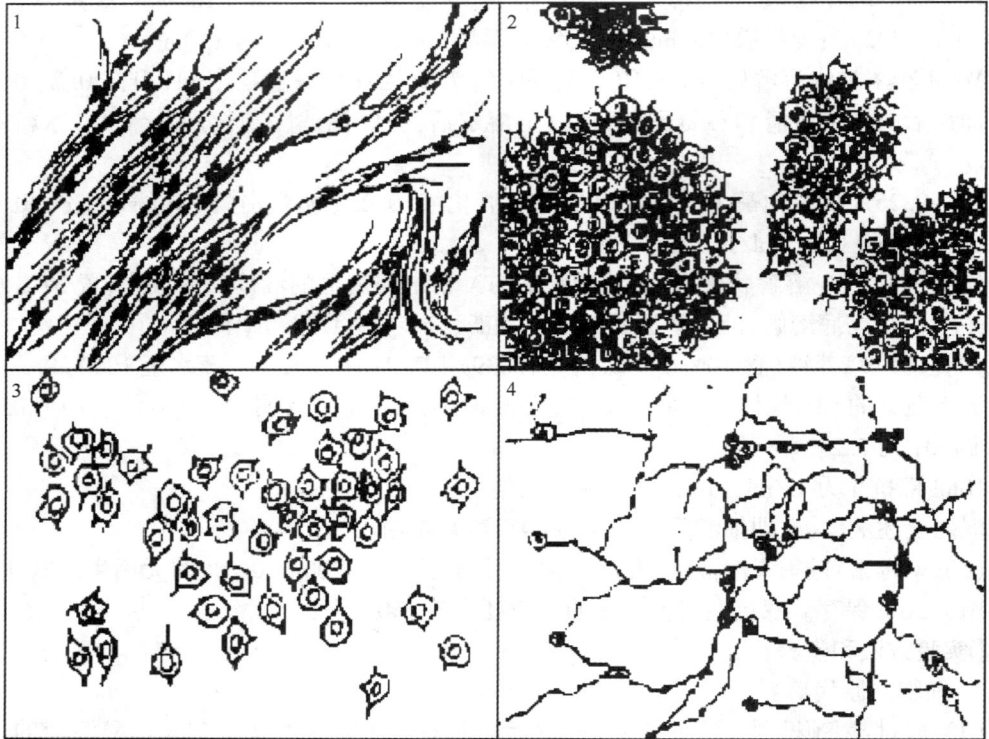

图 2-1　培养细胞类型
1. 成纤维型细胞；2. 上皮型细胞；3. 游走型细胞；4. 多形型细胞

1）成纤维型细胞：因细胞形态与体内成纤维细胞的形态相似而得名。细胞体呈梭形或不规则三角形、中央有椭圆形核,胞质向外伸出 2~3 个长短不同的突起,细胞在生长时多呈放射状、火焰状或旋涡状走行。除真正的成纤维细胞外,凡由中胚层间充质起源的组织,如心肌、平滑肌、成骨细胞、血管内皮细胞等常呈该类形态。另外在培养中凡细胞形态与成纤维细胞类似者,皆可称为成纤维细胞。因此,细胞培养中的成纤维细胞一词是一种习惯上的称法,与体内细胞不同。

2）上皮型细胞：这类细胞呈扁平不规则多角形,中间有圆形核,细胞紧密相连成单层。细胞增殖数量增多时,整块上皮膜随之移动,处于上皮膜边缘的细胞多与膜相连,很少脱离细胞群单独活动。起源于内、外胚层细胞,如皮肤表皮及其衍生物、消化道上皮、肝、胰和肺泡上皮等组织细胞培养时,皆呈上皮型形态。上皮型细胞生长时,尤其是外胚层起源的细胞,细胞之间常出现“拉网”现象,即在构成上皮膜状生长的细胞群中,一些细胞常相互分离卷曲,致使上皮细胞膜中形成网眼状空间,拉网的形成可能与细胞分泌透明质酸酶有关。

3）游走型细胞：细胞在支持物上散在生长,一般不连接成片。细胞质经常伸出伪足或突起,呈活跃地游走或变形运动,速度快而且不规则。此型细胞不很稳定,有时也难和其他型细胞相区别。在一定条件下,由于细胞密度增大连接成片后,可呈类似多角形,或因培养基化学性质变动等,也可呈成纤维细胞形态。

4）多形型细胞：除上述三型细胞外,还有一些组织细胞,如神经组织的细胞等,难以确定它们规律的形态,可统归为多形型细胞。

（2）悬浮型：有的细胞在培养时不贴附于支持物上，而是呈悬浮状态生长，如淋巴细胞、白血病细胞、骨髓瘤细胞、腹水型恶性细胞等。细胞悬浮生长时，胞体为圆形，观察时不如贴附型方便。其优点是细胞悬浮在培养液中生长，生存空间大，容许长时间生长，能繁殖多量细胞，便于传代和做细胞代谢等研究。

对体外培养细胞的分类，主要根据细胞在培养中的表现以及描述上的方便而定。当细胞处于较好的培养条件时，形态上有相对的稳定性，在一定程度上能反映细胞的起源、正常和异常（恶性）也能区别开来，故可用作判定细胞生物学性状的一个指标或依据。但必须意识到，它也可受很多因素的影响而发生变化，如上皮细胞在接种后不久，因细胞数量较少，细胞可能呈星形或三角形。只有当细胞数量增多后，多角形态特点和上皮膜状结构才逐渐变得明显起来，另外贴附型和悬浮型细胞性质也不是绝对一成不变的。当细胞发生转化后，细胞形态变化更大，如成纤维转化后可变成上皮形态。另外一些类型相同细胞之间，如癌细胞等，也难以在形态上看出有什么明显区别。

3. 注意事项

（1）器材和液体的准备：细胞培养用的玻璃器材，如：培养瓶、吸管等在清洗干净以后，装在铝盒和铁筒中，120℃，2h 干烤灭菌后备用；手术器材、瓶塞、配制好的 PBS 液用灭菌锅120℃，25min 蒸汽灭菌；MEM 培养液、小牛血清、消化液抽滤后备用。

（2）无菌操作中的注意事项：在无菌操作中，一定要保持工作区的无菌清洁。为此，在操作前要认真地洗手并用 75% 乙醇溶液消毒。操作前 20～35min 启动超净台吹风。操作时，严禁说话，严禁用手直接拿无菌的物品，如瓶塞等，而要用器械，如止血钳、镊子等去拿。培养瓶要在超净台内才能打开瓶塞，打开之前用乙醇溶液将瓶口消毒，打开后和加塞前瓶口都要在酒精灯上烧一下，打开瓶口后的操作全部都要在超净台内完成。操作完毕后，加上瓶塞，才能拿到超净台外。使用的吸管是从消毒的铁筒中取出后要手拿末端，将尖端在火上烧一下，戴上胶皮乳头，然后再去吸取液体。总之，在整个无菌操作过程中都应该在酒精灯的周围进行。

【思考题及作业】

（1）原代培养中组织消化时应注意什么问题？

（2）哪些试剂需要过滤除菌？为什么？

（3）观察、记录培养细胞的结果。

（4）简述原代培养的主要步骤。

（5）绘图表示观察到的四种类型的细胞。

实验 26　细胞的传代培养和细胞计数

【实验目的】

（1）掌握哺乳动物细胞的传代培养的基本操作过程。

（2）了解传代培养细胞的观察方法。

（3）掌握细胞计数的基本方法。

【实验原理】

体外培养的原代细胞或细胞株要在体外形成单层汇合以后，由于密度过大生存空间不足而引起营养枯竭，要持续地培养就必须传代。将培养的细胞，从培养瓶中取出，以 1：2 或

1:3 的比率转移到另外的培养瓶中进行培养,即为传代培养。细胞传代后,一般经过三个阶段:潜伏期、指数增生期和停止期。

潜伏期:细胞接种后在培养液中呈悬浮状态,此时细胞质回缩,胞体呈圆球形,时间为24~96h。

指数增生期:又叫对数期,此期细胞分裂增殖旺盛,是活力最好时期,时间为 3~5d,适宜进行各种试验。

停止期:此期可供细胞生长的底物面积已被生长的细胞所占满,细胞虽尚有活力但已不再分裂增殖。

【实验用品】

1. 材料　HeLa 细胞。

2. 器材　培养瓶、吸管、离心管(灭菌后备用)、酒精灯、烧杯、超净工作台、二氧化碳培养箱、离心机、倒置显微镜、水浴箱、微量加样器、吸管、移液管、橡皮吸头、酒精棉球、试管架、滤器、细胞计数板等。

3. 试剂　含有 10% 小牛血清的 MEM 培养液、0.01mol/L PBS、0.25% 胰蛋白酶-0.02% EDTA 混合消化液、75% 乙醇溶液。

4. 主要试剂配制　详见实验 25。

【实验方法和步骤】

1. 细胞的传代培养

(1) 将长成单层的原代培养细胞或 HeLa 细胞从二氧化碳培养箱中取出,在超净工作台中倒掉瓶内的培养液,加入 2~3ml PBS,轻轻振荡漂洗细胞后倒掉,以去除残留的血清和衰老脱落的细胞及其碎片。

(2) 加入少许消化液,以液面盖住细胞为宜,静置 2~3min。在倒置显微镜下观察被消化的细胞,如果细胞变圆,相互之间不再连接成片,这时应立即停止消化细胞。

(3) 在超净台中将消化液倒掉,加入 3~5ml 新鲜培养液,吹打,制成细胞悬液。

(4) 将细胞悬液吸出 2ml 左右,加到另一个培养瓶中并向每个瓶中分别加 3ml 左右培养液,盖好瓶塞,送回二氧化碳培养箱中,继续进行培养。

一般情况下,传代后的细胞在 2h 左右就能附着在培养瓶壁上,2~4d 就可在瓶内形成单层,需要再次进行传代。

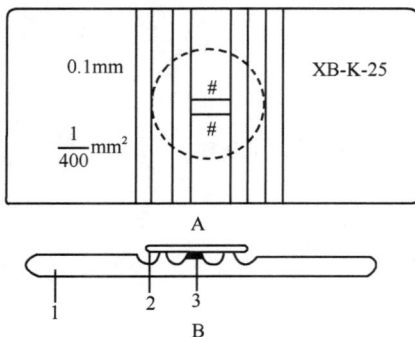

图 2-2　细胞计数板正面观和侧面观的图示

A:正面观;B:侧面观。1. 细胞计数板,2. 盖片,3. 计数室

2. 培养细胞的计数

(1) 将培养瓶中的培养液倒入干净试管中,向培养瓶中加入 0.25% 胰蛋白酶-0.02% EDTA 混合消化液 1ml,静置 3~5min,待见到细胞变圆,彼此不连接为止。

(2) 将试管中的培养液倒回培养瓶中,并轻轻进行吹打,制成细胞悬液。

(3) 取细胞悬液于放有盖片的细胞计数板的斜面上,使液体自然充满计数板小室。注意不要使小室内有气泡产生,否则要重新滴加。

(4) 在普通光镜(10×)物镜下计数四个大格内(图 2-2,图 2-3)的细胞数,压线者数上不数下,数左不数右。

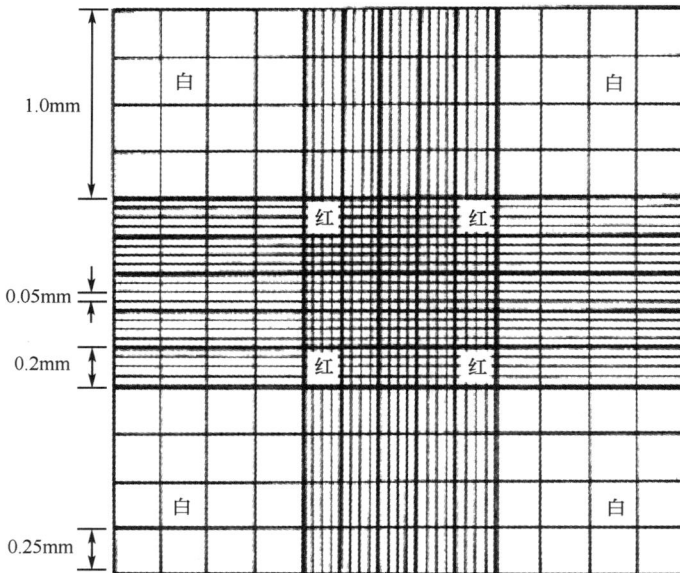

图 2-3 放大的计数室

按下式进行细胞浓度的计数：

$$\frac{4\ 大格中细胞总数}{4}\times10^4\times稀释倍数=细胞数/ml\ 悬液$$

$$\frac{4\ 大格中细胞总数-染色细胞数}{4}\times10^4\times稀释倍数=活细胞数/ml\ 悬液$$

4 大格中的每一大格体积为 $0.1mm^3$。$1ml=10\ 000$ 大格，因此，1 大格细胞数$\times10^4=$细胞数/ml。

进行细胞计数时应力求准确，因此，在科学研究中，往往将计数板的两侧都滴加上细胞悬液，并同时滴加几块计数板(或反复滴加一块计数板几次)，最后取结果的平均值。

【思考题及作业】

(1) 传代培养的目的是什么？

(2) 如何避免细胞培养过程中的污染问题？

(3) 观察、记录培养细胞的结果。

(4) 简述传代培养的主要步骤。

实验 27 培养细胞的冻存与复苏

【实验目的】

(1) 了解冻存与复苏的原理。

(2) 熟悉细胞冻存与复苏的方法步骤。

【实验原理】

细胞培养的传代及日常维持过程中，在培养器具、培养液及各种准备工作方面都需大量的耗费，而且细胞一旦离开活体开始原代培养，它的生物特性都将逐渐发生变化，并随着传代次数的增加和体外培养环境条件的变化而不断有新的变化。

冻存是细胞保存的最好方法。目前长时间保存细胞的方法是将细胞低温冻结保存在液氮中(-196℃),保存时间可长达一年甚至数年。冻存细胞时应加入保护剂,否则,细胞内外的水会结成冰晶,使细胞发生机械损伤。加入保护剂后,可使冰点降低,在缓慢冻结的条件下,细胞内的水分在冻结前渗出到细胞外,避免冰晶的损伤。

目前常用的保护剂为二甲基亚砜(DMSO)和甘油,它们对细胞无毒,分子质量小,溶解度大,易穿透细胞,甘油的使用浓度为10%~20%,二甲基亚砜的使用浓度为5%~15%。另外,冻存液中常加入培养液和血清,以提供营养、渗透压和pH。

细胞复苏是按一定复温速度将细胞悬液由冻存状态恢复到常温。在-70℃以下,细胞内的生化反应极其缓慢,甚至停止。当恢复到常温状态下,细胞的形态结构保持正常,生化反应即可恢复正常。在细胞复苏过程中,如果复温速度不当也可能引起细胞内结冰而造成细胞损伤。在复苏时,一般以很快的速度升温,1~2min内恢复到常温,使之迅速通过最易损伤细胞的-5~0℃。

因此,细胞冻存与复苏的原则是"慢冻快融"。

【实验用品】

1. 材料　对数生长期细胞。

2. 器材　超净工作台、二氧化碳培养箱、超低温冰箱、离心机、倒置显微镜、冰箱、水浴箱、液氮罐、吸管、离心管(灭菌后备用)、酒精灯、烧杯、冻存管、微量加样器、吸管、移液管、橡皮吸头、酒精棉球、试管架、滤器等。

3. 试剂　含有10%小牛血清的MEM培养液、0.01mol/L PBS、0.25%胰蛋白酶-0.02% EDTA混合消化液、75%乙醇溶液、冻存液。

4. 主要试剂配制　冻存液:培养液和甘油按9:1的比例配成10%的冻存液。

【实验方法和步骤】

1. 细胞冻存

(1)细胞悬液制备:选对数生长期细胞10ml于离心管中,几乎成单层时可冻存一管,收集细胞24h前换液一次,按传代方法制成细胞悬液。

(2)收集细胞:将细胞悬液移入无菌离心管中,1000rpm离心5min,去上清。

(3)加入冻存液:取1~1.5ml冻存液到离心管中,轻轻吹打使细胞混悬。

(4)装瓶:用吸管吸取细胞悬液1.5ml,装入冻存管中,尽量不使液体碰到冻存管口。

(5)封口:将冻存管盖拧紧,封口。

(6)标记:用记号笔记好细胞名称,冻存年月日。

(7)冻结和保存:将冻存管置4℃ 2~4h,-20℃ 2~4h,-80℃过夜,然后浸入液氮。液氮量一定要充分,以使温度恒定。

2. 细胞复苏

(1)用大镊子取出液氮中的冻存管,迅速放37℃的水中,不时摇动,使之快速通过-5~0℃。

(2)在超净台中,打开冻存管,吸出细胞悬液装入离心管中,并以培养基10倍稀释,混匀后1000rpm离心5min,弃上清,重复用培养液洗一次。

3. 用培养液稀释细胞,接种于培养瓶,放二氧化碳培养箱中进行培养,24h后换新鲜培养液。

【思考题及作业】

（1）细胞冻存与复苏的原则是什么，应注意什么问题？

（2）细胞冻存为什么要加保护剂？

（3）为什么要进行细胞冻存？

（4）简述细胞冻存与复苏的主要步骤。

实验 28　细 胞 融 合

细胞融合指的是两个或两个以上的细胞合并成一个细胞的现象，在自然情况下，受精过程及某些病变组织中的多核细胞均属于融合现象。1961 年 Barski 在研究中观察到组织培养体细胞融合现象。1962 年 Okada 首先成功地用仙台病毒诱导了细胞融合，此后引起了不少学者研究细胞融合的兴趣。30 多年来，细胞融合技术有了很大进步，如在动物或植物种内或种间的细胞杂交，甚至在动物细胞和植物细胞之间的细胞杂交等方面取得了很多的成果。目前，细胞融合技术已经成为研究细胞遗传、细胞工程、细胞免疫和肿瘤等的重要手段之一。

【实验目的】

（1）了解细胞融合的原理。

（2）掌握细胞融合的方法。

【实验原理】

在人工条件下，只有在某些诱导物（如仙台病毒、聚乙二醇等）的诱导下，使亲本细胞膜发生一定的变化，才能使两个或多个细胞融合。细胞融合过程，首先是在诱导物的作用下出现细胞凝集现象。然后，在细胞粘连处发生融合，而成为多核细胞。最后，经有丝分裂、细胞核进行融合、形成新的杂种细胞。

用人工方法诱导的细胞融合可形成两种类型的双核或多核细胞，由同一亲本的细胞融合形成的细胞称之为同核体（homocaryons），由不同亲本细胞融合形成的则称之为异核体（heterocaryons）。细胞融合后的多核细胞大多只能存活一段时间（约十几日）就相继死亡，而只有双核的异核体才能存活下来。存活下来的异核体经有丝分裂、染色体合并在一个细胞核内、形成杂种细胞。

为便于杂种细胞的筛选，细胞融合时所用的亲本细胞中，其中一个常选用能在体外增殖但有酶缺陷的细胞，如缺乏次黄嘌呤鸟嘌呤核糖基转移酶（HPRT）或核苷激酶（TK）。而另一亲本细胞则选用离体后不能再生增殖的细胞。将这两种细胞进行融合后，用 HAT 培养基培养。后一种亲本的未融合细胞和同核体由于离体后不能生长而死亡。前一种亲本的未融合细胞和同核本（离体细胞能在全养培养基中生长增殖）由于 HAT 培养基中所含的氨基喋呤可阻断其 DNA 合成的主要途径，而这种细胞又因为缺乏 HP-RT 和 TK 不能利用培养基中的外源核苷酸原料（次黄嘌呤）而死亡。因而只有经过融合的异核体（杂种细胞），由于酶的补偿作用，能在 HAT 培养基中生存，从而被筛选出来。

【实验用品】

1. 材料　小鼠腹腔巨噬细胞（或鸡红细胞）、猪肾传代细胞系 IB-RS-2 细胞。

2. 器材　水浴锅、离心机、细胞培养箱、光学显微镜、24 孔培养板（或 96 孔培养板）、离心管、载玻片、盖玻片、烧杯等。

3. 试剂　40%聚乙二醇溶液、培养基、生理盐水、血清、甲醇、Giemsa 染液。

4. 主要试剂配制

（1）40%聚乙二醇溶液：用水配制 40%浓度（m/V），0.22um 滤膜过滤即可。

（2）Giemsa 染液：吉姆萨粉（Giemsa stain）1.0g 放入研钵中，先加入少量甘油，研磨至无颗粒为止，然后再将全部甘油 66ml 倒入，将 Giemsa 粉放 56℃ 温箱中 2h 后，加入甲醇 66ml，将配制好的染液密封保存棕色瓶内（最好于 0～4℃ 保存）。

【实验方法和步骤】

1. 混合两种亲本细胞（脊椎动物细胞）　取小鼠腹腔巨噬细胞或鸡红细胞悬液 1ml（10^7个/ml），IB-RS-2 细胞 1ml（10^6个/ml）注入 5ml 具塞尖底离心管中，混合两种亲本细胞后，取出混合液 0.2ml，用生理盐水稀释 5 倍，作对照。

2. 细胞融合　将上述剩余的两种亲本细胞的混合液以 1500rpm 离心 5min，去掉大部分上清液，留下 0.1ml 液体将沉降的细胞分散于其中，制成细胞悬液。轻轻摇动试管、并逐滴加入后在 37℃ 下预热的 40% 的聚乙二醇溶液 0.4ml。将此悬液置于 37℃ 水浴中温育 90s 后，缓慢地加入无血清培养液 5ml，以终止 PEG 的作用。此后盖塞，并慢慢的倾转离心管 4～5 次。以 1500rpm 离心 5min。去除大部分上清液，留下约 0.1ml 液体悬浮细胞。在此悬浮液中加入 5ml 完的 E-MEM 培养液（系指加入血清的培养液），混匀后，取出 0.4ml 悬液作观察用。

3. 细胞培养　将细胞作 4 倍稀释，混匀，以每孔 0.5ml 分装于 24 孔培养板或每孔 0.1ml 分装于 96 孔培养板，置于 37℃，5% CO_2 的培养箱中培养。

4. 制片　将步骤 2 和 3 所留下的两种亲本细胞的混合液和融合后的细胞悬液分别涂片（每组涂 3 张），迅速干燥，甲醇固定，Giemsa 染液进行染色、水洗、干燥。镜检，观察融合细胞。或者将上述两种细胞悬液分别滴于载玻片上，加盖盖玻片后，在显微镜下直接进行观察。

5. 观察　先观察对照组，从形态上识别两种亲本细胞并观察其中有无融合细胞。此后观察实验组，找出融合后的多核细胞，双核细胞，区分同种融合与异种融合细胞。

【思考题及作业】

（1）绘图显示同种融合与异种融合细胞。

（2）介绍你所了解得细胞融合现象或实验。

实验 29　细胞增殖的检测

细胞增殖检测的应用相当广泛，既可用于测试药物试剂和生长因子的增殖效果，也可用于评估细胞毒性、分析细胞活性状态等研究。细胞增殖检测一般是检测分裂中的细胞数量或者细胞群体发生的变化。根据检测指标的不同，细胞增殖检测方法有 DNA 合成检测（如 BrdU 法）、代谢活性检测（如 MTT 法）、特异性增殖抗原法（如 Ki67）等。在具体的研究工作中根据所研究的细胞类型和研究方案，以及在细胞增殖中期望得到的信息进行选择。

【实验目的】

（1）了解细胞增殖的形态改变与生理生化变化。

（2）理解并掌握细胞增殖检测的原理及常用方法。

【实验原理】

（1）MTT法：MTT实验是检测细胞活力的实验方法，由于细胞活力与细胞数呈正相关，因此也常常用来检测细胞的增殖情况。MTT(3-(4,5)-dimethylthiahiazo(-z-y1)-3,5-di-phenytetrazoliumromide)，是一种黄颜色的染料。活细胞线粒体中的琥珀酸脱氢酶能将外源性MTT还原为水不溶性的蓝紫色结晶甲瓒(formazan)并沉积在细胞中，而死细胞无此功能。二甲基亚砜(DMSO)能溶解细胞中的甲瓒，用酶联免疫检测仪在490nm波长处测定其光吸收值，可间接反映活细胞数量。在一定细胞数范围内，MTT结晶形成的量与细胞数成正比。该方法广泛应用于一些生物活性因子的活性检测、大规模的抗肿瘤药物筛选、细胞毒性试验以及肿瘤放射敏感性测定等。它的特点是灵敏度高、经济。

（2）BrdU法：DNA合成检测是目前实验室中检测细胞增殖最准确可靠的方式。BrdU，即5-Bromo-2′-Deoxyuridine，中文全名5-溴脱氧尿嘧啶核苷，为胸腺嘧啶的衍生物，在细胞分裂的S期，可以取代胸腺嘧啶而插入正在复制的细胞DNA中。通过免疫化学手段，用BrdU抗体检测整合在细胞DNA中的BrdU分子，可以反映出细胞周期的活力，即细胞增殖的速率，从而得出样品中细胞的增殖情况。

【实验用品】

1. 材料　HeLa细胞。

2. 器材　超净工作台、二氧化碳培养箱、恒温培养箱、离心机、倒置显微镜、水浴箱、培养瓶、吸管、离心管(灭菌后备用)、酒精灯、烧杯、微量加样器、吸管、移液管、橡皮吸头、酒精棉球、试管架等。

3. 试剂　RPMI 1640培养液(含小牛血清和青霉素、链霉素)、0.25%胰蛋白酶溶液、Hanks液、7.4%NaHCO₃、MTT溶液、BrdU溶液、抗BrdU标记抗体、固定液、破膜剂、SP免疫化学试剂盒。

4. 主要试剂的配制

（1）MTT溶液配制：取0.5g MTT溶于pH 7.4的100ml 0.01mol/L PBS液中(5mg/ml)，用0.22μm的滤膜过滤除菌，分装，4℃冰箱贮存。

（2）BrdU配制：取BrdU 10mg溶于10ml双蒸水中，4℃下避光保存。

【实验方法和步骤】

1. MTT法

（1）接种细胞：消化HeLa细胞，用全培养液配成单个细胞悬液，以1×10^5个/孔细胞密度接种到24孔板，每孔500μl；接种时要保证每孔铺的细胞数目均匀一致。设空白对照，对照组与试验平行，但不加细胞只加培养液。其他试验步骤保持一致，最后比色以空白对照组调零。

（2）MTT加药检测：培养3d后，每孔加MTT溶液10~20μl。继续孵育4h，终止培养，小心吸弃孔内培养上清液(对于要悬浮细胞需要离心后再吸弃孔内培养上清液)。

（3）每孔加500μl DMSO，脱色摇床低速振荡10min，使结晶物充分融解。

（4）比色：在酶标仪490nm处测定各孔光吸收值，记录结果。MTT实验吸光度最后要在0~0.7，超出这个范围就不是线性关系。

2. BrdU法

（1）消化HeLa细胞成单细胞悬液，以1×10^5个/孔细胞密度接种到24孔板，每孔500μl；接种时要保证每孔铺的细胞数目均匀一致。

（2）加入 BrdU 标记溶液，终浓度为 $10\mu mol/L$，37℃孵育 2~24h。对于大多数应用，2h 已经足够。延长孵育的时间会增加掺入细胞 DNA 中 BrdU 的量，进而增加吸收值和敏感性。

（3）吸去培养基，在孔板中加入 $200\mu l$/孔的固定液，并在 15~25℃孵育 30min。

（4）吸去固定液。每孔加 $100\mu l$ anti-BrdU-POD 工作液，15~25℃孵育 90min。

（5）吸去抗体标记物，并用洗涤缓冲液洗 3 次。

（6）每孔加入 $100\mu l$ 底物溶液，15~25℃孵育直至颜色变至蓝色，进行读数（此处可以选择加入 $25\mu l$ 1mol/L H_2SO_4 并在摇床上彻底混匀）。

（7）读数：如果没有加入终止液，可以于不同的时间点（5min/10min/20min）在 370nm 波长分别读数（本底波长 492nm），并确定最适时间点；如果加入终止液，于 450nm 读数（本底波长 690nm）。

【思考题及作业】

（1）简述 MTT 法和 BrdU 法检测细胞增殖的原理。

（2）简述 DMSO 在 MTT 法检测中所起的作用。

（3）结合理论知识，提出其他可靠的用于细胞检测的一些指标。

实验 30　FCM 周期时相的检测及分析

【实验目的】

（1）掌握流式细胞仪的使用方法。

（2）FCM 周期时相的检测的原理。

【实验原理】

细胞内的 DNA 含量随着细胞周期进程周期性变化，利用荧光探针标记的方法，通过流式细胞仪对细胞内 DNA 的相对含量进行测定，可分析细胞周期各时相的百分比。

【实验用品】

1. 材料　对数生长期肿瘤细胞。

2. 器材　二氧化碳培养箱、超净工作台、离心机、流式细胞仪、移液器、96 孔板、离心管、烧杯、吹打管、注射器、300 目尼龙网、酒精灯等。

3. 试剂　培养基、血清、胰酶、70%乙醇溶液、PBS、PI、RNase-A。

【实验方法和步骤】

（1）取对数生长期细胞，收集培养液（勿弃掉），用胰酶消化，收集至 10ml 离心管中，1000rpm 离心 15min，取上清。

（2）PBS 洗一次，吹散。

（3）用注射器将细胞吸起，用力打入 5ml 预冷的 70%乙醇溶液中，封口，4℃过夜。

（4）1000rpm 15min 收集固定细胞，PBS 洗一次。

（5）用 0.4ml PBS 重悬细胞，并转至 1.5ml 离心管中轻轻吹打，加入 RNase-A 约 $3\mu l$。

（6）加 PI 约 $60\mu l$，在冰浴中避光染色 30min。

（7）用 300 目尼龙网过滤，上机分析测定并打印结果。

【思考题及作业】

（1）用哪些方法可以检测细胞周期时相？

（2）检测细胞周期时相的意义是什么？

实验 31　细胞凋亡的检测

细胞凋亡(apoptosis),又称细胞程序性死亡(programmed cell death,PCD),是指细胞在一定的生理或病理条件下,遵循自身的程序,自己结束其生命的过程。它是一个主动的,高度有序的,基因控制的,一系列酶参与的过程。细胞凋亡与坏死是两种完全不同的细胞凋亡形式,根据死亡细胞在形态学、生物化学和分子生物学上的差别,可以将二者区别开来。细胞凋亡的检测方法有很多,常用的方法有 TUNEL 法和 Annixin V/PI 双染法。

【实验目的】
(1) 认识并了解细胞凋亡的形态改变与生理、生化特征。
(2) 熟练掌握检测细胞凋亡的常用方法。

【实验原理】
1. TUNEL 法　细胞凋亡时,染色体 DNA 双链断裂或单链断裂而产生大量的黏性 3′-OH 末端,可在脱氧核糖核苷酸末端转移酶(TdT)的作用下,将脱氧核糖核苷酸和过氧化物酶形成的衍生物标记到 DNA 的 3′-末端,在适合底物存在下,过氧化物酶可产生很强的颜色反应,特异准确的定位出正在凋亡的细胞,因而可在普通光学显微镜下进行观察。从而可进行凋亡细胞的检测,这类方法称为脱氧核糖核苷酸末端转移酶介导的缺口末端标记法(terminal-deoxynucleotidyl transferase mediated nick end labeling,TUNEL)。由于正常的或正在增殖的细胞几乎没有 DNA 的断裂,因而没有 3′-OH 形成,很少能够被染色。TUNEL 实际上是分子生物学与形态学相结合的研究方法,对完整的单个凋亡细胞核或凋亡小体进行原位染色,能准确地反应细胞凋亡典型的生物化学和形态特征,因而在细胞凋亡的研究中被广泛采用。

2. Annexin V/PI 染色法　在细胞凋亡早期,磷脂酰丝氨酸(phosphatidylserine,PS)可从细胞膜的内侧翻转到细胞膜的表面,暴露在细胞外环境中。Annexin V 是一种分子质量为 $35\sim36kD$ 的 Ca^{2+} 依赖性磷脂结合蛋白,能与 PS 高亲和力特异性结合。将 Annexin V 进行荧光素(FITC、PE)或 Biotin 标记,以标记了的 Annexin V 作为荧光探针,利用流式细胞仪或荧光显微镜可检测细胞凋亡的发生。

碘化丙啶(propidium iodide,PI)是一种核酸染料,它不能透过完整的细胞膜,但在凋亡中晚期的细胞和死细胞,PI 能够透过细胞膜而使细胞核红染。因此将 Annexin V 与 PI 匹配使用,就可以将凋亡早晚期的细胞以及死细胞区分开来。

【实验用品】
1. 材料　HeLa 细胞。
2. 器材　流式细胞仪、超净工作台、二氧化碳培养箱、恒温培养箱、离心机、倒置显微镜、水浴箱、培养瓶、吸管、离心管(灭菌后备用)、酒精灯、烧杯、湿盒、微量加样器、吸管、移液管、橡皮吸头、酒精棉球、试管架等。
3. 试剂　RPMI-1640 培养液(含小牛血清和青、链霉素)、0.25%胰蛋白酶溶液、磷酸缓冲液 PBS(pH 7.4)、30% H_2O_2 溶液、过氧化物酶标记的抗地高辛抗体、DAB 溶液、正丁醇。
4. 主要试剂的配制
(1) TUNEL 法
1) TdT 酶缓冲液(新鲜配):称取 Trlzma 碱 3.63g 溶于蒸馏水,0.1mol/L HCl 溶液调节

pH 至 7.2,定容到 1000ml;再加入二甲砷酸钠 29.96g 和氯化钴 0.238g。

2）TdT 酶反应液:TdT 酶 32μl,TdT 酶缓冲液 76μl,混匀,置于冰上备用。

3）洗涤与终止反应缓冲液:氯化钠 17.4g,枸橼酸钠 8.82g,加蒸馏水定容至 1000ml。

（2）Annixin V/PI 法

1）孵育缓冲液:10mmol/L HEPES/NaOH 溶液,pH 7.4,140mmol/L NaCl 溶液,5mmol/L CaCl$_2$溶液。

2）标记液:将 FITC-Annexin V 和 PI 加入到孵育缓冲液中,终浓度均为 1μg/ml。

【实验方法和步骤】

（1）TUNEL 法

1）标本预处理:将约 $5×10^7$ 个/ml 细胞于 4% 中性甲醛室温中固定 10min。在玻片上滴加 50~100μl 细胞悬液并使之干燥。用 PBS 洗两次,每次 5min。

2）加入含 2% 过氧化氢的 PBS,于室温反应 5min。用 PBS 洗两次,每次 5min。

3）用滤纸小心吸去载玻片上多余液体,立即在切片上加 2 滴 TdT 酶缓冲液,置室温1~5min。

4）用滤纸小心吸去玻片周围的多余液体,立即在切片上滴加 54μl TdT 酶反应液,置湿盒中于 37℃ 反应 1h(注意:阴性染色对照,加不含 TdT 酶的反应液)。

5）将玻片置于染色缸中,加入已预热到 37℃ 的洗涤与终止反应缓冲液,于 37℃ 保温 30min,每 10min 将载玻片轻轻提起和放下一次,使液体轻微搅动。

6）细胞玻片用 PBS 洗 3 次,每次 5min 后,直接在切片上滴加两滴过氧化物酶标记的抗地高辛抗体,于湿盒中室温反应 30min。用 PBS 洗 4 次,每次 5min。

7）在细胞玻片上直接滴加新鲜配制的 0.05% DAB 溶液,室温显色 3~6min。

8）用蒸馏水洗 4 次,前 3 次每次 1min,最后 1 次 5min。

9）于室温用甲基绿进行复染 10min。用蒸馏水洗 3 次,前两次将载玻片提起放下 10 次,最后 1 次静置 30s。依同样方法再用 100% 正丁醇洗 3 次。

10）用二甲苯脱水 3 次,每次 2min,封片、干燥后,在光学显微镜下观察并记录实验结果。

（2）Annixin V/PI 法

1）细胞收集:悬浮细胞直接收集到 10ml 的离心管中,每样本细胞数为 $5×10^6$ 个/ml,1000rpm 离心 5min,弃去培养液。

2）用孵育缓冲液洗涤 1 次,1000rpm 离心 5min。

3）用 100μl 的标记溶液重悬细胞,室温下避光孵育 10~15min。

4）1000rpm 离心 5min 沉淀细胞,孵育缓冲液洗 1 次。

5）加入荧光溶液 4℃ 下孵育 20min,避光并不时振动。

6）流式细胞仪分析:流式细胞仪激发光波长用 488nm,用波长为 515nm 的通带滤器检测 FITC 荧光,波长大于 560nm 的滤器检测 PI。

7）结果观察:凋亡细胞对所有用于细胞活性鉴定的染料如 PI 有抗染性,坏死细胞则不能。细胞膜有损伤的细胞的 DNA 可被 PI 着染产生红色荧光,而细胞膜保持完好的细胞则不会有红色荧光产生。因此,在细胞凋亡的早期 PI 不会着染而没有红色荧光信号。正常活细胞与此相似。在双变量流式细胞仪的散点图上,左下象限显示活细胞,为（FITC-/PI-）;右上象限是非活细胞,即坏死细胞,为（FITC+/PI+）;而右下象限为凋亡细胞,显现（FITC+/PI-）。

【思考题及作业】

（1）简述细胞凋亡的形态学改变与生物化学和分子生物学方面的变化。

（2）简述 TUNEL 法与 Annixin V/PI 法检测细胞凋亡的原理。

（3）画图表示 Annixin V/PI 法检测细胞凋亡的结果示意图。

（4）结合理论知识，尝试提出两种以上可用于检测细胞凋亡的可行的方法。

实验 32　细 胞 运 动

细胞运动指包括细胞表现出的所有运动，如细菌的鞭毛运动；变形虫、白细胞等的变形运动；草履虫等的纤毛运动；精子等的鞭毛运动；植物细胞的原生质流动和黏菌变形体的原生质流动；平滑肌和横纹肌的收缩；细胞分裂时染色体的移动和细胞质的凹陷等。而细胞迁移作为一种特殊的运动方式，是细胞觅食、伤口痊愈、胚胎发生、免疫反应、感染和癌症转移等生理现象所涉及的。细胞迁移是目前细胞生物学研究的一个主要课题和热门研究方向，研究人员试图通过对细胞迁移的研究，在阻止癌症转移、异体植皮等医学应用方面取得更大成果。本实验主要介绍两种检测细胞迁移的方法。

【实验目的】

（1）了解细胞迁移实验的基本原理。

（2）掌握 Transwell 细胞迁移实验的基本原理。

（3）初步掌握细胞迁移实验的基本技术。

【实验原理】

细胞迁移指的是细胞在接收到迁移信号或感受到某些物质的浓度梯度后而产生的移动。过程中细胞不断重复着向前方伸出突足，然后牵拉胞体的循环过程。细胞骨架及其结合蛋白是这一过程的物质基础，另外还有多种物质对之进行精密调节。

细胞划痕实验是一种简单易行的检测细胞运动的方法，实验成本低，细胞长到融合成单层状态时，在融合的单层细胞上人为制造一个空白区域，称为"划痕"；划痕边缘的细胞会逐渐进入空白区域使"划痕"愈合。细胞划痕实验可以用来检测贴壁生长的肿瘤细胞的侵袭转移能力。

Transwell 小室（Transwell chamber 或 Transwell insert），是研究细胞体外迁移运动能力的较理想模型，细胞经聚碳酯膜进入含纤维连接蛋白的下室的能力反映了细胞体外迁移能力。Transwell 小室，其外形为一个可放置在孔板里的小杯子，杯子底层是一张有通透性的膜，这层膜带有微孔，孔径大小有 0.1~12.0μm，根据不同需要可用不同材料，一般常用的是聚碳酸酯膜（polycarbonate membrane）。

Transwell 细胞迁移实验的基本原理是将 Transwell 小室放入培养板中，小室内称为上室，培养板内称为下室，上室内添加上层培养液，下室内添加下层培养液，上下层培养液以膜相隔。将细胞种在上室内，由于膜有通透性，下层培养液中的成分可以影响到上室内的细胞，从而可以研究下层培养液中的成分对细胞生长、运动等的影响。选择不同材料的膜和孔径，可以进行共培养、细胞趋化、细胞迁移、细胞侵袭等多种方面的研究。

【实验用品】

1. 材料　体外培养的人肝癌细胞 HepG2 或乳腺癌细胞 MCF-7（可根据各自实验室的情况选用不同的细胞株）。

2. 器材　二氧化碳培养箱、倒置显微镜、6 孔板、marker 笔、直尺、枪头、Transwell 小室（孔径 8μm）、Transwell 迁移实验的细胞培养板 24 孔板。

3. 试剂　无血清培养基、胰酶、PBS、1640 培养基、1640 完全培养基、棉签、4% 多聚甲醛固定液或者甲醇、结晶紫染液（0.5%）。

4. 主要试剂配制　0.5% 结晶紫染液：称取 0.5g 结晶紫加 100ml 冰乙酸溶解完全，摇匀即得。

【实验方法与步骤】

1. 细胞划痕实验

（1）准备：所有能灭菌的器械都要灭菌，直尺和 marker 笔在操作前紫外照射 30min（超净台内）。

（2）先用 marker 笔在 6 孔板背后，用直尺比着，均匀的划横线，大约每隔 0.5~1cm 一道，横穿过孔。每孔至少穿过 5 条线。

（3）用胰酶消化处于对数生长期的肿瘤细胞，在 6 孔板的孔中加入约 $5×10^5$ 个细胞，具体数量因细胞不同而不同，掌握为过夜能铺满。

（4）24h 后用枪头比着直尺，尽量垂至于背后的横线划痕，枪头要垂直，不能倾斜。

（5）用 PBS 洗细胞 3 次，去除划下的细胞，加入无血清培养基。

（6）放入 37℃ 5% CO_2 培养箱，培养。按 0h、6h、12h、18h、24h 取样，拍照。

（7）实验结果：在倒置显微镜下先用低倍镜寻找 6 孔板中划痕边缘的细胞是否会进入空白区域，再转换高倍镜仔细观察。

2. Transwell 细胞迁移实验

（1）准备：所有能灭菌的器械都要灭菌。

（2）超净台内将 Transwell 小室安装在相应的细胞培养板 24 孔板内。

（3）消化细胞，终止消化后离心弃去培养液，用 PBS 洗 1~2 遍，用无血清 1640 培养基重悬。调整细胞密度至 $5×10^5$ 个/ml。

（4）取细胞悬液 100μl 加入 Transwell 小室。

（5）24 孔板下室一般加入 600μl 1640 培养基。特别注意的是，下层培养液和小室间常会有气泡产生，一旦产生气泡，下层培养液的趋化作用就减弱甚至消失了，在种板的时候要特别留心，一旦出现气泡，要将小室提起，去除气泡，再将小室放进培养板。

（6）培养细胞：常规培养 12~48h（主要依癌细胞侵袭能力而定）。24h 较常见，时间点的选择除了要考虑到细胞细胞侵袭力外，处理因素对细胞数目的影响也不可忽视。

（7）取出 Transwell 小室，弃去孔中培养液，刮去膜上层未发生迁移的细胞。

（8）75% 甲醇溶液固定膜上的细胞 30min，将小室适当风干。

（9）0.5% 结晶紫染色 20min，用 PBS 洗 3 遍。

（10）显微镜下观察聚碳酯膜下表面的细胞数。随机选取五个视野计数，拍照。

（11）实验结果：采用直接计数法。对"贴壁"的细胞计数，这里所谓的"贴壁"是指细胞穿过膜后，可以附着在膜的下室侧而不会掉到下室里面去，通过对细胞染色，可在镜下计数细胞。

【思考题及作业】

（1）研究细胞迁移有哪些基本方法？

（2）在进行 Transwell 细胞迁移实验时，要注意哪些问题？

实验 33　早熟染色体凝集

【实验目的】

（1）掌握早熟染色体凝集方法。

（2）熟悉细胞周期各时相染色体凝集与去凝集的过程。

【实验原理】

Mazia 提出在细胞周期中存在一个染色体周期，即染色体在 M 期是凝集状态，G1 期向 S 期发展时染色质逐渐去凝集，由 S 期向 G2 期发展时又逐渐凝集。然而染色质在周期细胞中的变化，在显微镜下观察不到，直到 1970 年，Johnson 和 Rao 在仙台病毒诱导下的 HeLa M 期细胞和间期细胞的融合，才第一次显示处于细胞周期的存在。除了灭活的仙台病毒可以诱导细胞融合外，还有灭活的鸡的新城疫病毒也有此作用。由于病毒的制备比较复杂，现多用化学方法如聚乙二醇（polyethylene glycol，PEG）进行细胞融合，比较方便易行。在细胞融合中，M 期细胞诱导间期细胞产生染色质凝集，称之为早熟凝集染色体（亦称为 PC 染色体），此种现象称之为早熟染色体凝集（premature chromosome condensation，PCC）。早熟染色体凝集有以下特征：

（1）此种凝集的间期染色质的形态与细胞在融合当时细胞所处的周期时相密切相关，如 G1 期细胞染色质是单线状；S 期呈粉末状，因 S 期正在进行 DNA 的复制，但随 S 期的向前发展，除了有粉末状染色体之处逐渐出现越来越多的成双的凝集染色质结构。正在部分复制的 DNA 高度解螺旋，故在光镜下看不见，只看到未解螺旋或复制后又凝集的染色质，故呈现出程度不一的粉末状。到 G2 期时，染色体已经复制完毕，均为两条并在一起的染色体，边缘光滑，但较中期或早中期染色体长。

（2）无种族的屏障。低等动物和高等动物细胞之间均可融合，并诱导 PCC，如培养 HeLa M 期细胞可以诱导大、小鼠、仓鼠、麂细胞和多种哺乳类细胞发生 PCC 等。也可诱导蚊子细胞以及许多非培养细胞如精子，精细胞甚至植物细胞产生 PCC。

（3）M 期细胞与间期细胞的比率大，则易于诱导 PCC，如两个 M 期细胞和一个间期细胞融合则产生 PCC 效率高，速度快。

（4）PC 染色体数目相当于被诱导的该种细胞的染色体数目。20 多年来的研究认为，促进真核细胞分裂的因子为 MPF（maturation or M-phase promoting factor）。MPF 主要由 cdc2 表达产物 p34 及 cdc13 的产物 p56 又称周期蛋白（cyclin）所组成。当 p34 与 p56 结合时 p34 脱磷酸化，产生有活性的蛋白激酶，引起一系列的磷酸化级联反应，诱导有丝分裂的各种生化及形态、功能的出现。目前已知 H1 组蛋白和核仁 B23 蛋白为 p34 激酶的底物。此项研究还在进一步深入。

早熟染色体凝集在实践中的应用也很广泛，例如可用于细胞周期的分析，根据一定数量的 PCC 中，各期 PCC 数量的比例可知药物将细胞阻断于细胞的哪一时期。G1 期向 S 期的发展是由凝集完全去凝集，根据凝集程度可分为 G1+1、G1+2、G1+3、G1+4、G1+5、G1+6 六级，G+1-G1+3 为早 G1 期，G1+4-G1+6 为晚 G1 期，正常细胞多阻断于早 G1 期，转化细胞或癌细胞多阻断于晚 G1 期。此种特征可用于判断细胞是正常细胞还是转化细胞或癌细胞。此外可用于环境中物理或化学因子对靶细胞的间期染色体的损伤。有些不再分裂的细胞的损伤可用 PCC 来判断。白血病人化疗效果及预后检测，遗传学分析，以及制备高分辨的染色体带谱等。

【实验用品】

1. 材料　人体肝癌细胞系(BEL-7402)。

2. 器材　二氧化碳培养箱、超净工作台、离心机、水浴锅、电子天平、移液器、培养瓶、离心管、烧杯、吹打管、注射器、酒精灯等。

3. 试剂　RPMI-1640 培养液、小牛血清、0.25% 胰蛋白酶液、Hanks 液,秋水仙素(2μg/ml)、50% PEG、胸腺嘧啶核苷(TdR)、胞嘧啶核苷(CdR)。

4. 主要试剂配制

1) 50% PEG 液的配制:称取 PEG 粉末(相对分子质量为 1000 或 600 均可),于 70℃ 水浴,融成液态,再与预热无血清的 RPMI-1640 培养液等量混合,即得 50% PEG 溶液。

2) 胸腺嘧啶核苷(TdR):配制成 50mg/ml 溶液。每个培养物 5ml 加 5 滴(5 号针头),使最终浓度为 2mmol/L。

【实验方法和步骤】

1. 细胞培养　人体肝癌细胞系,单层培养于含有 20% 小牛血清的 RPMI-1640 培养液内。细胞形态呈多边形,增长迅速,倍增时间为 20h,S 期为 10.5h。

2. 细胞同步化处理　取对数生长期但未形成茂密单层的培养细胞,给予 2mmol/L 的 TdR 作用 22~24h;用 Hanks 液洗涤培养细胞后,换入含有 0.01mmol/L 胞嘧啶核苷(CdR)的培养液培养 4h;加入秋水仙素(终浓度为 0.012μg/ml)阻断 14h;或在细胞对数生长期时,不经同步化处理,直接加秋水仙素作用 20~24h 得到 M 期细胞。用手摇自然脱壁法,收集 M 期细胞。去掉含秋水仙素的细胞培养液,加入 5ml Hanks 液,将培养瓶保持水平方向摇动 15~20 次,使生长在瓶壁表面上的已圆缩的细胞脱落于 Hanks 液内,离心,涂片,染色,观察。间期细胞采用 M 期细胞脱壁后的底层或对数生长的细胞,经胰蛋白酶消化后收集备用。

3. PCC 的诱发

(1) 悬浮融合法

1) M 期细胞和间期细胞按 M：I = 1：1(或 2：1)比例混合于离心管内,细胞总数为 $10^6 \sim 10^7$ 个。

2) 用无血清的 RPMI-1640 培养液洗两次,1000rpm 离心,收集细胞。

3) 去上清液,加入 1ml 的 50% 的 PEG,用滴管轻轻吹打,使之混匀,37℃ 静置 1~2min。

4) 随后逐渐加入无血清 RPMI-1640 培养液至 10ml,37℃ 下继续静置 5min。

5) 用无血清 RPMI-1640 培养液洗涤 3 次,充分去除 PEG。

6) 去上清液,将细胞悬浮于含 10% 小牛血清的 RPMI-1640 培养液中 37℃ 温浴 30min。

7) 收获细胞按常规染色体标本方法制片。

(2) 单层融合法

1) 60%~70% 生长汇合的单层细胞,用秋水仙素处理(最终浓度为 0.012μg/ml),4~10h 后,倒去培养液。

2) 细胞生长面先经无血清的 RPMI-1640 培养液洗涤 3 次。

3) 吸取 50% 的 PEG 溶液铺盖于细胞生长面,2~5min 以后,尽量倒去 PEG 溶液。

4) 用 RPMI-1640 液清洗细胞生长面(2~3 次),去除 PEG。

5) 用含 10% 小牛血清的 RPMI-1640 培养液 37℃ 温浴 30~60min。

6）按常规胰酶消化法脱壁收集细胞,进行染色体制片。

【思考题及作业】

（1）绘出你所观察到的每一种早熟凝集染色体,并加以解释。

（2）PCC 有何实际意义?

实验 34　细胞衰老的诱导与半乳糖苷酶染色观察

【实验目的】

（1）熟悉 β-半乳糖苷酶染色显示细胞衰老的原理及操作步骤。

（2）掌握 H_2O_2 诱导细胞衰老的原理。

（3）了解细胞衰老在光学显微镜下的形态特征。

【实验原理】

氧化损伤理论是衰老机制的主要理论之一。该理论认为,在生物氧化过程中产生活性氧成分,包括超氧阴离子、过氧化氢和羟自由基。活性氧成分对生物大分子,如蛋白质、核酸等均有损伤作用,导致细胞结构和功能的改变,引起细胞衰老。

对于体外培养细胞的细胞衰老研究,当前常用的生物学特征有两个:一是生长停滞细胞不可逆的停止分裂;二是衰老相关的 β-半乳糖苷酶(senescence associated β-galactosidase, SA β-gal)的活化。β-半乳糖苷酶是溶酶体内的水解酶,通常在 pH 4.0 的条件下表现活性,而在衰老细胞中 pH 6.0 条件下即表现出活性。将细胞固定后,用 pH 6.0 的 β-半乳糖苷酶底物溶液进行染色,就能明显区分年轻和年老的细胞。

【实验用品】

1. 材料　原代人成纤维细胞。

2. 器材　光学显微镜、二氧化碳恒温培养箱,培养瓶。

3. 试剂　FBS、M199 培养液、PBS 溶液、300μmol/L H_2O_2 溶液、固定液、β-半乳糖苷酶底物溶液、0.1% 核固红。

4. 主要试剂的配制

（1）300μmol/L H_2O_2:取 306ml 质量浓度为 30% 的 H_2O_2 溶液,用灭菌的 100ml 容量瓶定容,配成 30 000μmol/L 的储存液,使用时根据培养液的用量添加 H_2O_2 试剂,使 H_2O_2 的终浓度为 300μmol/L。

（2）固定液(0.2%甲醛+0.2%戊二醛):量取 1.25ml 40% 甲醛(摇匀),2ml 25% 戊二醛置于 250ml PBS 中。

（3）β-半乳糖苷酶底物溶液(现用现配):40mmol/L 枸橼酸磷酸钠溶液(pH 6.0)、1mg/ml X-Gal、5mmol/L 铁氰化钾、150mmol/L NaCl、2mmol/L $MgCl_2$。

（4）0.1%核固红(配制 100ml):取 0.1g 核固红,加入到 100ml 的 5% $CuSO_4$ 溶液中,加热溶解,冷却过滤。

【实验方法和步骤】

（1）用含 10% FBS 的 M199 培养液在 37℃,5% CO_2 条件下恒温培养原代人成纤维细胞,每 36h 换液一次。

（2）细胞长至 70% 左右的密度时,实验组(诱导细胞衰老)更换为含有 300μmol/L H_2O_2 的培养液,空白组更换为正常的培养液,继续培养 30min。

（3）倒掉培养液,加入 PBS 漂洗两次。

（4）用含 0.2% 甲醛和 0.2% 戊二醛的固定液固定细胞 10min。

（5）向培养的细胞中加入 β-半乳糖苷酶底物溶液,在 37℃（不含 CO_2）孵育 10h。

（6）除去 β-半乳糖苷酶底物溶液,加入 PBS 漂洗两次。

（7）室温下,0.1% 核固红复染细胞 10min。

（8）PBS 漂洗两次后,光学显微镜下观察结果。

【思考题及作业】

（1）为什么 H_2O_2 能够诱导细胞衰老?

（2）试述 β-半乳糖苷酶染色显示细胞衰老的原理。

（3）列举检测细胞衰老的方法。

第三篇　设计性和创新性实验

　　以兴趣为导向,根据已学过的细胞生物学知识与实验室现有实验条件自主选题,进行设计实验。实验课题选定后,要求学生进行文献检索和交流讨论,自主撰写完整的实验设计,包括实验目标、实验思路、器材用品和实验方法等。经任课教师审核后方可进入实验室实施。设计性和创新性实验可独立完成或自由组合成小组协作完成,每项设计性和创新性实验需提交实验研究报告一份。

　　1. 实验目标　通过开展设计性和创新性实验,调动学生开展实验研究的主动性和积极性;激发学生的创造性,培养学生的创新思维和创新意识,提高其实践应用和科研创新能力;培养学生能够运用所学的实验技能进行科学探索,掌握文献资料检索、阅读和综述的方法,并且能够对实验结果进行分析、讨论和总结;同时培养学生的团队合作精神。

　　2. 实验管理

　　(1) 学生可以从教师提供的选题中选择自己的实验项目,也可以自主选题;对所选实验项目进行文献检索分析,了解研究背景,并撰写实验设计报告。

　　(2) 课题单位:独立或 2~4 人一组,每人都要参与操作;实验周期以 1~4 周为宜,实验前一周要将选题及实验方案提交给实验指导教师。

　　(3) 指导教师组织专家评审,从理论上、技术上以及条件上分析实验项目的可行性,并写出评审意见。

　　(4) 实验过程中所用药品、试剂以自己配制为主,配制量以满足需要为准,特殊需要的经费可通过申请解决。

　　(5) 结果提交方式:实验总结报告以研究论文的方式提交,包括实验项目名称、摘要(实验目的、实验方法、实验结果、结论)、实验用品(材料、器材和试剂)、结果(统计学分析)、实验结论和实验结果讨论。

　　(6) 选择优秀的实验项目推荐参加学校、省和国家实验技能大赛和创新计划项目申报。

　　3. 学生要求

　　(1) 参与实验课题的学生一定要出于对科学研究或创造发明的浓厚兴趣,发挥学生主动学习的积极性。

　　(2) 学生是项目的主体。教师只是起辅导作用,学生要自主设计实验、自主完成实验、自主管理实验。

　　(3) 学生选题要适合。项目选题要求目标明确、具有创新性和可行性。

　　(4) 学生要合理使用项目经费,要遵守学校财务管理制度。

　　(5) 学生遵守实验室安全章程。认真阅读仪器使用说明书,严格按照操作规程使用仪器;注意保持实验室卫生。

选题一　抗肿瘤药物有关研究

　　恶性肿瘤是严重威胁人类健康的常见病,肿瘤发病机制未明,影响肿瘤发生的外源性因素包括化学因素、物理因素、致瘤性病毒、霉菌因素等;内源性因素则包括机体的免疫状态、遗传素质、激素水平以及 DNA 损伤修复能力等。目前肿瘤的治疗方法主要有:手术治疗、放射治疗、化学治疗(药物治疗)和中医药治疗以及新兴的生物治疗(细胞因子、肿瘤疫苗)和基因治疗(将目的基因、抑癌基因导入靶细胞)。

　　其中抗肿瘤药物治疗应用于多种不同类型的肿瘤,目前临床应用的抗肿瘤药物主要有六类:一是抑制核酸(DNA 和 RNA)生物合成的药物,如氟尿嘧啶、阿糖胞苷、羟基脲、甲氨蝶呤、6-巯嘌呤等。二是直接破坏 DNA 结构与功能的药物,如烷化剂、铂类制剂和抗肿瘤抗生素等;三是干扰转录过程阻止 RNA 合成的药物,如放线菌素 D、柔红霉素、阿霉素等;四是影响蛋白质合成与功能的药物,如长春碱类、紫杉醇;五是影响激素平衡的药物,如雌激素、雄激素、抗雌激素、肾上腺皮质激素等;六是抗肿瘤辅助治疗药物,如昂丹司琼、亚叶酸钙等。抗肿瘤药物较多,应用广泛,但其应用中面临的障碍主要是药物毒性反应和肿瘤细胞耐药性等。目前,抗肿瘤药正从传统的非选择性单一的细胞毒性药物向针对机制的多环节作用的新型抗肿瘤药物发展。①以细胞信号转导分子为靶点:包括蛋白酪氨酸激酶抑制剂、法尼基转移酶(FTase)抑制剂、MAPK 信号转导通路抑制剂、细胞周期调控剂;②以新生血管为靶点:新生血管生成抑制剂;③减少癌细胞脱落、黏附和基底膜降解:抗转移药等;④以端粒酶为靶点:端粒酶抑制剂;⑤针对肿瘤细胞耐药性:耐药逆转剂;⑥促进恶性细胞向成熟分化:分化诱导剂;⑦特异性杀伤癌细胞:(抗体或毒素)导向治疗;⑧增强放疗和化疗疗效:肿瘤治疗增敏剂;⑨提高或调节集体免疫功能:生物反应调节剂;⑩针对癌基因和抑癌基因:基因治疗—导入野生型抑癌基因、自杀基因、抗耐药基因及反义寡核苷酸、肿瘤基因工程瘤菌。

　　围绕抗肿瘤药物的研究附设计性和创新性实验选题一组,供学习参考。抗肿瘤药物对肿瘤细胞增殖和凋亡的影响;抗肿瘤药物对肿瘤细胞迁移和侵袭的影响;抗肿瘤药物对荷瘤小鼠抗肿瘤作用的实验研究。该组设计性和创新性实验的选题中可选多种抗肿瘤药物或待测抗肿瘤活性的提取物,也可选不同的肿瘤细胞系作为实验材料。

　　(一) 抗肿瘤药物对肿瘤细胞增殖及凋亡的影响

　　本实验选题需要熟练掌握细胞增殖与凋亡分析的基本方法,可通过实际操作理解细胞增殖与凋亡在有机体正常生命活动中的作用及意义。实验设计可围绕以下三个方面展开:不同药物对不同肿瘤细胞增长速率的影响;对细胞周期时相分布的影响;对细胞凋亡的形态学观察和检测。

　　(二) 抗肿瘤药物对肿瘤细胞迁移和侵袭的影响

　　本实验选题的技术基础是肿瘤细胞迁移和侵袭的检测方法,并结合细胞固定和染色的方法,需要注意依据研究目标和不同抗肿瘤药物抗肿瘤作用的机制,设计实验。设计中可通过实验对比细胞划痕法、迁移实验和细胞侵袭实验三种方法的结果,实现检测目标的分析。

（三）抗肿瘤药物对荷瘤小鼠抗肿瘤作用的实验研究

肿瘤动物模型可来自于动物的自发肿瘤、诱发肿瘤和移植性肿瘤。前两者由于对动物品系要求严格、实验周期较长或缺少实验一致性而较少使用。移植性肿瘤动物模型具有特性明确、生长一致性好、实验周期短、瘤株分布广泛、可重复性强等优点，在肿瘤研究中占有重要地位。可移植性肿瘤是把动物或人的肿瘤移植到同系、同种或异种动物，经传代后组织类型和生长特性已趋稳定并能在受体动物中继续传代。

可移植性肿瘤移植于同系或同种动物称为同种移植，是国内外最常用的肿瘤动物模型构建方法之一。同种移植的优点是可供选择使用的细胞系或细胞株，许多细胞系在世界范围分布广泛并且这些细胞的生物学特性已经比较明确，一般都有明确的背景资料使一群动物同时接种同样量的瘤细胞生长速度一致、个体差异较小、成活率高、易于对照观察，这些都是便于科研成果相互比较和交流的有利因素。

本实验中除抗肿瘤药物和肿瘤细胞系可选之外，肿瘤组织切片制成后可根据实验研究的需要设计选择不同的抗体，进行免疫组织化学实验。

选题二　间充质干细胞的培养和应用研究

间充质干细胞（mesenchymal stem cells，MSC）是干细胞家族的重要成员，来源于发育早期的中胚层和外胚层，属于多能干细胞。间充质干细胞存在于多种组织（如骨髓、脐带血和脐带组织、胎盘组织、脂肪组织等），具有向多种间充质系列细胞（如成骨、成软骨及成脂肪细胞等）或非间充质系列细胞分化的潜能，并具有独特的细胞因子分泌功能。

因间充质干细胞具有多向分化潜能、造血支持、促进干细胞植入、免疫调控和自我复制等特点而日益受到人们的关注。如间充质干细胞在体内或体外特定的诱导条件下，可分化为脂肪、骨、软骨、肌肉、肌腱、韧带、神经、肝、心肌、内皮等多种组织细胞，连续传代培养和冷冻保存后仍具有多向分化潜能，可作为理想的种子细胞用于衰老和病变引起的组织器官损伤修复。

随着间充质干细胞及其相关技术的日益成熟，间充质干细胞的临床研究已经在许多国家开展。间充质干细胞已用于治疗十余种难治性疾病的治疗研究，除了用来促进恢复造血，与造血干细胞共移植提高白血病和难治性贫血等以外，还用于心脑血管疾病、肝硬化、骨和肌肉衰退性疾病、脑和脊髓神经损伤、老年痴呆及红斑狼疮和硬皮病等自身免疫性疾病的治疗研究，已经取得的部分临床试验结果令人鼓舞。2004年，Le Blanc等报道了首例半相合异基因间充质干细胞移植治疗移植物抗宿主病（graft-versus-host disease，GVHD）获得成功，其后又报道了异基因配型不合的间充质干细胞移植治疗GVHD的有效性，并且认为在应用间充质干细胞治疗GVHD不需要严格的配型，其后又有多篇异基因未经配型的间充质干细胞治疗GVHD、促进造血重建的报道，其间充质干细胞来源涉及骨髓、脂肪、牙周等。

间充质干细胞最早在骨髓中发现，随后还发现存在于人体发生、发育过程的许多种组织中。目前，我们能够从骨髓、脂肪、滑膜、骨骼、肌肉、肺、肝、胰腺等组织以及羊水、脐带血中分离和制备间充质干细胞，用得最多的是骨髓来源的间充质干细胞。但骨髓来源的间充质干细胞存在以下问题：随着年龄的老化，干细胞数目显著降低、增殖分化能力大幅度衰退;移植给异体可能引起免疫反应;取材时对患者有损伤,患者有骨髓疾病时不能采集,即使是健康供体,亦不能抽取太多的骨髓。这都限制了骨髓间充质干细胞临床应用,使得寻找骨髓以外其他可替代的间充质干细胞来源成为一个重要的问题。

大量研究表明,胎盘和脐带来源的间充质干细胞具有分化潜力大、增殖能力强、免疫原性低、取材方便、无道德伦理问题的限制、易于工业化制备等特征,有可能成为最具临床应用前景的多能干细胞,成为骨髓间充质干细胞的理想替代物。2006 年,我国在胎盘和脐带组织中分离出间充质干细胞,这种组织来源的间充质干细胞保持了间充质干细胞的生物学特性。

围绕间充质干细胞的分离培养及诱导设计以下选题,供学习参考。骨髓间充质干细胞的分离培养及鉴定;诱导骨髓间充质干细胞向软骨细胞分化;骨髓间充质干细胞移植治疗大鼠脊髓损伤的研究。根据该组设计性选题,查阅文献,设计实验方案,查找实验方法,确定能证明实验目的的检测指标。

(一)骨髓间充质干细胞的分离培养及鉴定

本实验可以根据实验条件或实验需要选择实验动物;可以选择不同的分离方法:全骨髓贴壁法,密度梯度离心法等;根据下游实验需要选择鉴定骨髓间充质干细胞的方法:进行形态学观察,测定生长曲线,流式细胞仪鉴定骨髓间充质干细胞表面抗原表达情况等。通过本实验可以探讨分离、培养、纯化和鉴定骨髓间充质干细胞方法,并观察骨髓间充质干细胞体外生长的特点。

(二)诱导骨髓间充质干细胞向软骨细胞的分化

本实验可以选择不同的诱导条件:转化生长因子 β1(transforming growth factorβ1,TGF-β1)、胰岛素样生长因子 1(insulin-like growth factor 1,IGF-1)作为主要的诱导因子诱导骨髓间充质干细胞定向分化为软骨细胞,骨髓间充质干细胞与软骨细胞共培养;根据软骨细胞的特征选择合适的鉴定方法:进行形态学观察,甲苯胺蓝染色,检测 II 型胶原和聚集蛋白聚糖的表达等。还可以研究骨髓间充质干细胞向其他细胞的分化,如向神经细胞、心肌细胞、肝细胞和内皮细胞的分化。通过本实验研究特定的诱导条件下骨髓间充质干细胞向软骨细胞分化的潜能,并掌握骨髓间充质干细胞与软骨细胞的形态特征。

(三)骨髓间充质干细胞移植治疗大鼠脊髓损伤的研究

本实验首先造模:改良 Allen 法建立脊髓损伤模型;运用微量注射的方法移植骨髓间充质干细胞至损伤部位;移植治疗后观察大鼠行为学变化、脊髓的病理改变及脑源性神经营养因子(brain-derived neurotrophic factor,BDNF)和神经生长因子(nervegrowthfactor,NGF)表达变化。还可以研究骨髓间充质干细胞移植治疗缺血性脑损伤、创伤性脑损伤、心肌梗死大鼠损伤和糖尿病等。通过本实验可以掌握骨髓间充质干细胞移植的方法,并熟悉大鼠脊髓损伤模型的构建方法。

选题三 滋养层细胞培养及其行为的研究

胎盘是妊娠过程中形成的临时内分泌器官,也是血液循环器官,它由来源于胚胎和母体的组织共同组成,对维持和保护胎儿的正常发育至关重要。它不仅是母胎间营养物质、气体以及代谢废物的交换场所,还可以产生多种维持妊娠的激素,成为临时的重要的内分泌器官。滋养层细胞是组成胎盘的主要细胞类型,是胎盘物质交换和激素分泌的主要执行者;滋养层细胞行为和功能调控的紊乱可以导致多种妊娠相关疾病,比如宫内生长延迟、葡萄胎以及先兆子痫等。

在妊娠早期,胎盘绒毛上皮层的细胞滋养层细胞融合形成多核的合体细胞滋养层细胞。这类滋养层细胞是直接与母体血液接触的一类滋养层细胞亚群。单核的细胞滋养层细胞侵润到子宫肌层上三分之一的深度而形成了子宫蜕膜侧壁组织的表面,而合体细胞滋养层细胞的侵润能力很弱。衰老的合体滋养层细胞发生凋亡,继而从合体芽分离并脱落进入母体血管,形成合体结节。因此,正常胎盘形成的第一步是细胞滋养层细胞对母体的侵润。为了完成这一过程,滋养层细胞需要首先识别不同的细胞膜成分和细胞外基质。在识别之后,滋养层细胞通过自身释放基质金属蛋白酶的作用降解细胞外基质。而子宫内膜也相应地修饰其细胞外基质成分,并释放转化生长因子 TGF-β 和基质金属蛋白酶等的生理性抑制 TIMP 控制这一侵润过程。而在绒毛外的细胞滋养层细胞可侵润到胎盘床和母体的螺旋动脉。成功的妊娠需要母体的螺旋动脉丢失动脉肌收缩介质,被纤维蛋白样的介质取而代之;并且在这一过程中需要上皮来源的滋养层细胞获得内皮细胞的特性;小孔、高抗性的血管转化成为大孔、低抗性的血管,以适应在胎盘不断长大的过程中母体对胎盘血流灌注量的不断升高。在母胎建立血管网络连接的这一过程被命名为假血管形成或者血管改造。在这一过程中需要许多因子的参与,包括血管生成因子 VEGF、PIGF 以及其相应的受体等。

围绕滋养层细胞的分离培养鉴定、诱导分化和典型细胞行为进行选题,供学习参考。滋养层细胞的分离培养及鉴定;滋养层细胞合体化研究;滋养层细胞行为研究。根据该组实验选题,查阅文献,设计实验方案,查找实验方法,确定能证明实验目的的检测指标。

(一) 人早孕绒毛滋养层细胞的原代培养及鉴定

本实验采用人早孕绒毛组织;可以选择不同的分离方法:组织块培养法和酶消化法、密度梯度离心法等;根据下游实验需要选择鉴定骨滋养层细胞的方法:进行形态学和细胞贴壁观察,测定细胞生长曲线和细胞活力,利用免疫细胞化学方法检测滋养层细胞表面抗原(cytokeratin 7)表达情况等。本实验旨在探讨原代分离、纯化和鉴定滋养层细胞的方法,并观察滋养层细胞的体外生长特征。

(二) 细胞滋养层细胞诱导合体化

本实验可以选择不同的诱导条件:表皮生长因子(epidermal growth factor,EGF)、集落刺激因子(colony stimulating factor,CSF)、白血病抑制因子(leukemia inhibitory factor,LIF)、转化生长因子 α(transforming growth factorα,TGF-α)、人绒毛膜促性腺激素(human chorionic gonadotropin,hCG)等合体化诱导因子,诱导细胞滋养层细胞向合体滋养层细胞分化。根据合体滋养层细胞的特征选择合适的鉴定方法:进行形态学观察,检测 hCG 和 hPL 等合体化标志分子的表达。还可以通过抑制 MAPK 和 p38 等相关的信号通路,研究不同信号通路在滋养层细胞合体化中的作用地位。本实验旨在探讨不同因子滋养层细胞合体化的诱导作用,并掌握合体滋养层细胞的形态特征。

(三) 滋养层细胞侵润行为的调控研究

本实验选用肿瘤坏死因子 α(tumor necrosis factor α,TNFα)、转化生长因子 β(transforming growth factor β1,TGF-β1)或 $CoCl_2$ 等刺激因子,设计实验对比 MTT 法和细胞侵润实验的结果,实现检测目标的分析。通过本实验来掌握检测滋养层细胞增殖和侵润研究的方法及其原理,并熟悉不同刺激因子调控滋养层细胞侵润的研究思路。

选题四　力学刺激对细胞生物学功能的影响

人体各组织、器官及其内部的细胞始终处在不同的力学环境(刺激)中,如运动系统,骨骼、软骨组织承受的压力和冲击力,肌肉组织的拉力;心血管系统,心肌的收缩、血管受到的剪切力;呼吸系统,肺的扩张与收缩使肺部组织和细胞受力;皮肤张力等。力学刺激能够影响细胞的增殖、凋亡、分化、胞外基质合成、蛋白酶的合成、生长因子的表达等,力学刺激通过影响细胞的生长、代谢,从而影响有机体器官、组织的生长和发育。力学生物学是研究力学环境(刺激)对生物体健康、疾病或损伤的影响,研究生物体的力学信号感受和响应机制,阐明机体的力学过程与生物学过程(生长、发育、重建、修复等)之间的相互关系,从而发展有疗效的或有诊断意义的新技术。

本设计性和创新性选题可选不同组织器官的细胞,根据细胞在体内的受力情况,选择力学刺激类型,设计力学刺激方案和需要检测细胞的生物学功能。设计实验时需查阅相关文献和理论知识,综合考虑设计力学加载方案和检测指标,实验设计方案应充分考虑可行性和临床意义。

本设计性和创新性选题旨在培养学生自主设计实验方案能力并熟悉力学生物学的研究思路。

选题五　细胞相互作用的研究

细胞生物学从各种刺激、信号等对细胞行为、功能的调控作用的研究开始,逐步发展到对两种甚至多种细胞相互作用的观察和研究,因此建立体外细胞-细胞相互作用模型成为细胞生物学发展的迫切需要。随着研究的深入,逐步开发和建立了各种各样的细胞相互作用模型和技术手段,其中,体外细胞共培养技术是研究细胞-细胞相互作用的常用手段。

体外细胞共培养:是将两种细胞(可以来自同一种组织,也可以来自不同的组织)混合共同培养,从而使其中一种细胞的形态和功能稳定表达,并维持较长时间。该技术能模拟体内生成的微环境,便于更好地观察细胞与细胞、细胞与培养环境之间的相互作用以及探讨药物的作用机制和可能作用的靶点,填补单层细胞培养和整体动物实验之间的鸿沟。

常用细胞共培养方法分为直接接触式共培养和非直接接触式共培养。直接接触式共培养指在合适的条件下,将两种细胞按照一定比例在同一培养皿中共同培养。利用两种细胞或组织接触,通过旁分泌、自分泌分泌细胞因子或直接接触等相互作用方式。当研究共培养体系中一者对另一者的影响是通过旁分泌的细胞因子相互作用,但两者不接触时多采用非直接接触式共培养。包括如下 3 种方法:①用一种细胞的培养上清液(含有不同生长因子)与另外一种细胞共培养;②将玻片上(经过 I 型胶原凝胶预处理)培养的细胞 B,以一定的比例放入细胞 A 的培养皿中与其共培养;③Millicell 插入式细胞培养皿(Transwell 小室)通过这些模型,可以研究细胞 B 分泌或代谢产生的物质对细胞 A 的影响。

在肿瘤生长过程中,实体肿瘤生长到一定程度后,其进一步生长就会依赖新生血管的形成。在此之前,肿瘤细胞本身已经释放了大量的促血管新生因子诱导肿瘤血管新生。这些新生血管是肿瘤和外界进行物质交换的基础,血管新生与恶性肿瘤的发展、侵袭和转移密切相关。因此,研究肿瘤细胞对血管发生影响显得非常重要。利用体外细胞共培养模型技术,通过收集的肿瘤细胞条件培养基处理血管内皮细胞,研究肿瘤分泌物对血管内皮细胞形态、功能的影响以及相关机制,为抗肿瘤新药的研发提供重要技术支持。通过本实验可以掌握细胞培养与无菌操作技术,并熟悉细胞相互作用研究的一般模型与方法。